LA MATIÈRE ET LES FORCES DE LA NATURE

PAR

D. BRISSET

PROFESSEUR HONORAIRE DE MATHÉMATIQUES
DU LYCÉE SAINT-LOUIS

Seconde édition revue et augmentée

PARIS

H. DUNOD ET E. PINAT, ÉDITEURS

47 & 49, QUAI DES GRANDS-AUGUSTINS

1911

LA

MATIÈRE ET LES FORCES

DE LA NATURE

MATIÈRE ET LES FORCE

DE LA NATURE

PAR

D. BRISSET

PROFESSEUR HONORAIRE DE MATHÉMATIQUES
DU LYCÉE SAINT-LOUIS

Seconde édition revue et augmentée

PARIS

H. DUNOD ET E. PINAT, ÉDITEURS

47 & 49, QUAI DES GRANDS-AUGUSTINS

1911

LA MATIÈRE

ET LES

FORCES DE LA NATURE

INTRODUCTION

> Dire que chaque espèce de choses est douée
> d'une qualité spécifique occulte par là-
> quelle elle agit et produit des effets ma-
> nifestes, c'est ne rien dire. Mais exprimer
> deux ou trois principes généraux tirés
> des phénomènes et, ensuite, montrer
> comment les propriétés et actions de
> toutes les choses matérielles découlent de
> ces principes, ce serait faire un grand
> pas en philosophie.
>
> Newton, Optique.

Depuis longtemps je cherche par quel mécanisme deux corps, isolés dans l'espace, agissent
l'un sur l'autre, et s'attirent en raison directe de
leurs masses et en raison inverse du carré de leur
distance.

Après avoir trouvé la solution exposée dans

les premières pages de cet opuscule, j'ai pensé que si les hypothèses qui sont à sa base donnent une image approchée de la structure de l'Univers, ces mêmes hypothèses pourraient être complétées de façon à donner la clef de tous les phénomènes analogues.

Notre théorie, ainsi élargie, repose exclusivement sur la constitution de l'éther dont nous avons dû faire un fluide élastique, formé de grains dépourvus de masse et d'élasticité, qu'une pression énorme maintient au contact. De cette constitution de l'éther et d'une hypothèse sur les propriétés de l'atome pondérable, nous avons déduit, non seulement les lois de la gravitation mais, encore, celles des attractions et répulsions électriques et, plus généralement, de tous les grands phénomènes auxquels l'électricité donne lieu.

Dans cette seconde édition je me suis efforcé de présenter la théorie de la gravitation sous une forme plus suggestive, par quelques images tirées des phénomènes de la nature matérielle.

J'ai établi par une démonstration plus simple et plus précise la formule $m\frac{dv}{dt}$ relative à la force d'inertie d'un atome pondérable lorsque cet atome éprouve une modification dans sa vitesse.

Je dois dire, enfin, que cette interprétation de la masse et des forces d'inertie qui se présente si naturellement dans notre théorie me paraît de nature à accroître considérablement la confiance qu'elle doit inspirer.

Pour montrer que notre théorie serre de plus près que l'ancienne les phénomènes dont elle s'occupe, signalons, dans cette dernière, quelques contradictions, au moins, apparentes.

Dans les idées courantes, un point électrisé a un potentiel infini et la force électrique qu'il développe est, également, infinie ; on démontre il est vrai, dans des traités qui ne sont pas élémentaires, que ces infinis disparaissent dans les calculs.

Si le lecteur se place au point de vue qui nous a guidé il verra, sans démonstration, qu'aucun point n'a un potentiel infini et qu'aucun ne développe une force infinie ; il verra, également, que si un point mobile se meut dans un champ électrisé son potentiel varie d'une manière continue.

Je tiens à signaler au lecteur l'interprétation que je donne des phénomènes de l'induction et la simplicité avec laquelle on peut en déduire la *loi de Lenz*.

En terminant je crois devoir indiquer au lecteur une objection de principe qui a été faite à notre théorie.

Si votre éther, m'a-t-on dit, est formé de grains inélastiques, maintenus au contact par la pression qu'ils supportent, comment peut-il être élastique.

Je réponds à cette objection, comme on le verra plus loin, que l'éther se comportera comme un fluide élastique toutes les fois que les forces qui agiront sur un de ses éléments superficiels se transmettront, de proche en proche, aux éléments successifs du fluide jusqu'à l'infini. Dans toutes les autres circonstances, l'éther ou l'électricité se comporteront comme un liquide parfait.

Ainsi, l'élasticité de l'éther est due à l'infinité de son volume et, aussi, à ce qu'il n'a pas de masse.

CHAPITRE PREMIER

—

GRAVITATION UNIVERSELLE

I. — *Matière impondérable.*

CONSIDÉRATIONS GÉNÉRALES. — Tous les savants qui se sont occupés de chercher la cause des lois de l'univers ont admis l'existence d'un milieu indéfini qui relie, les uns aux autres, tous les corps qui le composent et détermine leurs rapports réciproques ; ce milieu est l'éther.

Si tous les savants sont d'accord pour admettre l'existence de l'éther, il n'en est plus de même lorsqu'il s'agit de lui assigner les propriétés qui le caractérisent.

Pour déterminer ces propriétés nous considérerons deux faits principaux dont l'exactitude a subi le contrôle de nombreuses observations.

I. — *Les corps se meuvent dans l'éther et aucun d'eux n'éprouve sa résistance.*

II. — *La force de gravitation se transmet dans l'espace avec une vitesse infinie.*

a) Si les planètes éprouvaient la résistance de

l'éther dans leurs mouvements de révolution autour du soleil, cette résistance serait, toujours, directement opposée à la vitesse qui les entraîne sur leurs orbites ; elle introduirait, donc, dans leurs trajectoires, des inégalités qui en modifieraient les éléments. Or, depuis les plus anciennes observations, rien n'a permis de constater une inégalité due à cette cause.

Nous concluons de ce qui précède que l'éther n'oppose aucune résistance appréciable au mouvement des astres de notre système solaire.

Cette conclusion nous paraît exiger que l'éther ait une structure granulaire et qu'il soit dénué de masse.

Remarque. — En disant que l'éther n'oppose aucune résistance au mouvement des astres de notre système planétaire, nous nous plaçons au point de vue sous lequel ont été, jusqu'ici, considérés les mouvements des corps célestes ; dans notre théorie ce point de vue sera changé, le lecteur ne tardera pas à s'en apercevoir ; nous restituerons à l'éther des propriétés qui sont actuellement considérées comme faisant partie du domaine de la matière.

Il est inutile d'ajouter que si, dans notre théorie, l'explication des phénomènes est modifiée les lois qui les régissent restent les mêmes.

b) Si la propagation de l'attraction qu'exerce le

soleil sur une planète s'effectuait avec une vitesse finie, cette vitesse se composerait avec celle qui entraîne la planète sur son orbite ; dès lors la ligne d'attraction serait déplacée et ne serait plus dirigée vers le centre du soleil. Or, les observations astronomiques n'ont jamais constaté un pareil déplacement.

Laplace a démontré dans la *Mécanique Céleste* que si le déplacement de la ligne d'attraction d'une planète par le soleil est de l'ordre de grandeur des erreurs d'observation, la vitesse de transmission de la force de gravitation doit être supérieure à cinquante millions de fois la vitesse de la lumière. Adams a, depuis, revisé les calculs de Laplace et réduit à vingt millions le nombre qui précède.

Quoi qu'il en soit, de pareilles vitesses reviennent à dire que la transmission de la force de gravitation est instantanée dans toute l'étendue du système solaire.

Nous venons de dire que l'éther doit être formé de grains très petits et dénués de masse ; si ces grains étaient isolés ou placés à des distances pouvant varier sans que le déplacement de l'un d'eux entraînât le déplacement de tous les autres, s'ils n'étaient pas totalement dénués d'élasticité, une pression exercée sur l'un de ces grains ne se transmettrait aux autres que dans un temps plus ou moins long; si, au contraire, les grains qui composent l'éther sont pressés les uns contre les autres par une force qui les constitue en un groupement assimilable à un corps solide; si, de plus, ces grains sont doués d'une dureté absolue, tout déplacement imprimé à l'un d'eux se répercute, au même instant, sur tous les autres.

Nous sommes, ainsi, conduits à admettre que les molécules d'éther sont dépourvues d'élasticité et soumises à une pression qui en fait un bloc dont toutes les parties sont solidaires.

Maintenant que nous avons établi de quelles propriétés l'éther doit être doué pour remplir le rôle qui lui est assigné dans l'univers, nous allons développer les hypothèses sur lesquelles repose *La Matière et les Forces de la Nature.*

MATIÈRE. — La matière est tout ce qui occupe un volume dans l'espace et jouit de la propriété d'être impénétrable. La masse n'est pas un attribut essentiel de la matière et nous admettons l'existence d'une matière impondérable servant, comme la matière pondérable, de support aux forces et les transmettant ou modifiant d'après les règles de la mécanique.

ÉTHER. — L'éther est un fluide formé de molécules sphéroïdes très petites, ces molécules sont solides, dénuées de masse et d'élasticité; elles glissent ou roulent, sans frottement.

L'éther remplit l'espace et il s'y trouve soumis à une pression très élevée, la même en tous les points, que nous appelons sa *pression normale*.

L'ÉTHER EST ÉLASTIQUE. NATURE DE CETTE ÉLASTICITÉ. — Plus loin nous verrons que le fluide éther est élastique, c'est-à-dire peut être entièrement chassé d'un espace par un autre corps (électricité) qui le refoule en exerçant sur la surface de séparation une pression supérieure à la pression normale. L'éther oppose au refoulement une résistance normale proportionnelle au volume abandonné et il réoccupe ce volume dès qu'il redevient libre.

L'élasticité de l'éther donne lieu à la plupart des forces de la nature.

Les molécules qui constituent l'éther ne sont pas indivisibles; nous admettons que chacune d'elles peut, dans des circonstances déterminées, se désagréger en une poussière extrêmement fine qui pénètre librement dans les espaces intermoléculaires de l'éther. Là elle se trouve soustraite à la pression de ce fluide.

2. — *Matière pondérable.*

ATOME PONDÉRABLE. — L'atome pondérable est une simple cavité ou alvéole sphérique creusée dans l'éther et remplie d'électricité.

1*

ÉLECTRICITÉ. — L'électricité qui remplit l'alvéole d'un atome pondérable a toutes les propriétés que nous avons données à l'éther.

La propriété caractéristique essentielle de l'atome pondérable est d'être un centre autour duquel les molécules d'éther s'anéantissent et se transforment en une poussière qui disparaît dans les interstices de ces molécules abandonnant, ainsi, l'atome pondérable entraîné dans l'espace par son mouvement de gravitation.

Le noyau électrique de l'alvéole est maintenu dans cette cavité par la pression de l'éther ambiant qui l'enserre de toute part et, aussi, parce qu'il est dépourvu de masse et d'inertie. Pour simplifier le langage nous supposerons l'alvéole formée par une pellicule infiniment mince qui circonscrit son noyau électrique.

Cette pellicule se dilate ou se contracte de façon à s'adapter à toutes les modifications de grandeur du noyau auquel elle transmet, intégralement et sans la modifier, la pression de l'éther extérieur.

L'ATOME EST UN CENTRE D'ATTRACTION. — L'éther disparaissant à la surface d'un atome pondérable, détermine dans le fluide, autour de l'atome, une dépression proportionnelle au volume d'éther disparu. Si on représente par M le volume d'éther détruit pendant l'unité de temps à la surface de l'atome, un flux d'éther de volume égal à M traverse, pendant ce même temps, la surface de chacune des sphères concentriques à cet atome, et, on doit admettre que ce flux produit, sur chacune des unités de surface de la sphère traversée, une force centripète F proportionnelle au volume d'éther qui traverse cette unité. La force F, exercée sur l'unité de surface de la sphère concentrique de rayon R, est donc : (K désignant un coefficient constant).

$$F = \frac{K.M}{4\pi R^2} \cdot$$

La force centripète F est la force qui fait graviter, vers l'atome considéré, tous les autres atomes pondérables de l'univers. Elle est :

1° Proportionnelle au volume d'éther que l'atome pondérable détruit dans l'unité de temps;

2° En raison inverse du carré de la distance du point sur lequel elle s'exerce à cet atome pondérable.

3. — *Masse et inertie.*

MASSE. — Si nous comparons l'énoncé, ci-dessus, de la loi d'attraction à l'énoncé bien connu de la loi de la gravitation universelle, nous voyons qu'il suffit, pour identifier ces deux énoncés, de prendre pour le mot *masse* la définition suivante :

DÉFINITION. — *La masse d'un atome est le volume d'éther que cet atome détruit dans l'unité de temps.* C'est cette définition que nous adopterons. La masse d'un corps ne sera plus une propriété intrinsèque de ce corps, elle sera le résultat d'un phénomène.

OBSERVATION RELATIVE A LA DÉSINTÉGRATION DE L'ÉTHER. — Le phénomène hypothétique dont l'atome pondérable est le siège et par lequel nous expliquons la gravitation des corps a été indiqué par plusieurs savants illustres.

Pour Riemann (voyez : *La science et l'hypothèse,* p 198, par M. H. Poincaré). *L'atome pondérable est un point où l'éther est détruit d'une façon continue.* Lord Kelvin (Procedings of the Royal Society of Edimburgh) imagine que l'espace est rempli par un fluide incompressible constamment absorbé par chaque atome de matière, proportionnellement à sa masse.

Le mécanisme que nous avons indiqué pour la destruction de l'éther n'est, peut être, pas celui qu'emploie la nature : nous pensons qu'elle emploie un mécanisme équivalent.

INERTIE. — Le principal attribut de la masse est l'inertie ; essayons d'en préciser le mécanisme dans le cas d'un atome pondérable.

Nous supposons le centre de cet atome animé d'un mouvement rectiligne uniforme dont la vitesse est *v*. La perte de pression que l'éther éprouve en disparaissant autour de l'atome a la même valeur sur toutes les unités superficielles de cet atome et elle est proportionnelle à sa masse ; en d'autres termes, l'éther agit sur un atome animé d'un mouvement rectiligne uniforme comme il le ferait si cet atome était immobile ; c'est un fait d'expérience dont il est facile de saisir la raison.

Lorsque la vitesse d'un atome éprouve un changement d'intensité ou de direction, un choc se produit entre l'atome et l'éther qui l'entoure ; ce choc modifie le mouvement du fluide et, à partir de ce moment, les molécules chassées à l'avant de l'atome se portent à l'arrière par une sorte de translation toujours identique à elle-même qui est concomitante avec le mouvement de l'atome et persiste tant que ce mouvement reste rectiligne et uniforme. Cette propriété qu'a l'éther de ne modifier son mouvement que sous l'influence d'une cause étrangère constitue son *inertie*.

Pendant toute la durée du mouvement rectiligne et uniforme de l'atome, les couches sphériques, concentriques à cet atome, sont traversées, dans l'unité de temps, par un volume invariable d'éther qui vient s'anéantir à sa surface et constitue la masse m de cet atome. Supposons, maintenant, que le mouvement de l'atome cesse d'être uniforme et reste rectiligne ; désignons par Δv l'accroissement de vitesse de son centre pendant l'intervalle de temps Δt.

L'hémisphère antérieur de l'atome subit, pendant cet intervalle de temps, la résistance de toutes les couches concentriques d'éther au devant desquelles il s'est porté et qu'il a heurtées avant que l'éther ait modifié son allure ; cette résistance est proportionnelle au volume d'éther qui traverse l'une de ces couches ou à la masse m de l'atome ; elle est, aussi, proportionnelle à l'épaisseur totale Δv des couches traversées ; elle est, donc, proportionnelle au produit :

$$m \frac{\Delta v}{\Delta t} \qquad \text{ou encore à} \qquad m \frac{dv}{dt},$$

c'est-à-dire, au produit de la masse de l'atome par son accélération.

Si Δv était négatif l'éther opposerait au mouvement de l'atome une résistance de sens contraire ; il le pousserait par sa face postérieure et ferait, ainsi, obstacle à la diminution de sa vitesse. Ce que nous avons dit de l'inertie dans le cas d'un mouvement rectiligne accéléré ou retardé s'étendra, sans difficulté, au cas d'un mouvement varié quelconque.

On voit par ce qui précède que l'inertie de la matière est, en réalité, due à l'éther dont l'état de repos ou de mouvement au lieu d'être concomi-

tant à celui de l'atome ne s'adapte que postérieu-
rement à ses variations de vitesse.

Nous aurons l'occasion de constater de nom-
breux phénomènes dans lesquels l'inertie de
l'éther joue un rôle ; et, cette inertie nous permettra, plus loin, d'expliquer pourquoi la transmission des vibrations lumineuses dans l'éther
n'est pas instantanée.

Image de la gravitation. — Le phénomène de
la perte de pression qu'éprouve l'éther autour
d'un atome pondérable où s'anéantissent avec
une vitesse constante les molécules de ce fluide
n'est autre que la perte de charge subie par l'eau
d'un réservoir autour de l'orifice par lequel elle
s'échappe ; cette perte de charge s'étend à toute la
masse liquide contenue dans le réservoir ; elle serait, en un point donné, exactement proportionnelle au débit, en raison inverse du carré de la
distance de ce point à l'orifice d'échappement si
on pouvait faire abstraction des variations de
pression dues au poids de l'eau et de l'influence
des parois.

Chacun de nous a pu constater que lorsqu'un
réservoir est muni d'un orifice de sortie du liquide
qui le remplit, toutes les molécules de ce liquide
et tous les petits corps qu'il tient en suspension
se dirigent vers l'orifice où les entraîne la pression
du liquide.

Pour donner, encore, plus de précision à la comparaison que nous avons choisie, supposons que l'on ait suspendu à des flotteurs mobiles, et à une même hauteur, dans un bassin plein d'eau, deux sphères métalliques creuses percées de trous en forme de pomme d'arrosoir, reliées par des tubes en caoutchouc, flexibles et résistants, à des robinets qui traversent la paroi inférieure du bassin et servent à l'écoulement de l'eau qui pénètre dans les sphères. Ces robinets étant ouverts, on verra les sphères creuses avancer l'une vers l'autre ; celle qui absorbe la plus grande quantité de liquide est aussi celle qui exerce la plus grande attraction et a, par suite, la plus grande masse gravitative. En réglant l'ouverture des robinets on parviendra à donner à telle sphère qu'on le voudra une masse prépondérante.

On pourra par des observations directes constater, à l'aide de ces sphères, les phénomènes qui, en dehors de la gravitation, permettent d'affirmer l'existence de la masse et de l'inertie, mais il faudra faire abstraction des causes d'erreur qui leur sont inhérentes ; on se rappellera que l'éther, remplacé par un liquide pesant, n'a, lui-même, pas de poids, qu'il est élastique et soumis à une pression prodigieuse attestée par le nombre des vibrations (quatre cent trillions) qu'exécute, en une seconde, un point lumineux.

Ceci rappelé, considérons une sphère où l'eau soit absorbée par une infinité de petits orifices percés à sa surface. La sphère étant au repos, si on la tire dans une direction déterminée, on a à vaincre la résistance opposée par les courants en nombre infini qui marchent en sens contraire et viennent s'anéantir dans la sphère. Cette résistance nous indique par une image fidèle le motif pour lequel la masse d'un corps s'oppose, toujours, d'une façon identique à sa mise en mouvement quelle que soit la direction qu'on lui imprime.

4. — Lois de la gravitation.

THÉORÈME. — *Deux atomes pondérables s'attirent en raison directe de leurs masses et en raison inverse du carré de leur distance.*

Soient : A, B ces deux atomes ; M, M' leurs masses. — Concevons, tracée dans l'éther, la sphère qui a pour centre le point A et pour rayon AB.

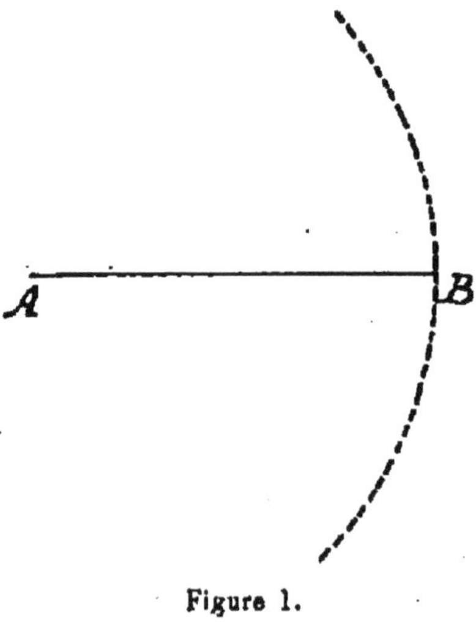

La force centripète que l'atome A détermine dans l'éther, rapportée à

Figure 1.

l'unité de surface, a pour valeur au point B, sur la sphère A, à un facteur constant près :

$$\frac{M}{\overline{AB}^2}.$$

Celle qui agit sur l'atome B et constitue la force d'attraction F, exercée par l'atome A sur l'atome B, a pour expression, K désignant une constante convenable :

$$(1) \qquad F = \frac{K.M}{\overline{AB}^2}.$$

La force d'attraction exercée par l'atome B sur l'atome A, a la même valeur absolue F, et le raisonnement précédent montre que, K' désignant une nouvelle constante, on a :

$$(2) \qquad F = \frac{K'.M'}{\overline{AB}^2}.$$

Si nous rapprochons les expressions (1 et 2) de la force F, et si nous désignons par k une nouvelle constante, nous aurons :

$$F = \frac{k.M.M'}{\overline{AB}^2}.$$

Cette formule exprime la loi d'attraction de deux points pondérables et justifie la définition que nous avons donnée du mot *masse*.

La VITESSE DE TRANSMISSION DE LA FORCE DE GRAVITATION EST INSTANTANÉE. — L'éther peut être assimilé à un liquide parfait, inélastique, contenu dans une sphère en caoutchouc de très grand rayon sur la surface de laquelle s'exercerait une pression centripète. Si, au centre de la sphère, des molécules s'anéantissent, elles sont immédiatement remplacées par des molécules voisines et toutes les molécules de la sphère s'avancent simultanément vers le centre, un peu à la manière d'une tige rigide, inélastique, dont les extrémités avancent ou reculent en même temps quand la tige se meut le long de sa direction.

5. — *Mouvement des corps dans l'éther.*

LA MATIÈRE DANS L'ÉTHER. — Nous avons dit que l'éther remplit l'espace et que ses molécules sont maintenues au contact par la pression qui s'exerce sur ce fluide.

Les corps pondérables de l'univers sont formés d'atomes de forme sphérique, séparés par des espaces interatomiques dont les dimensions sont de l'ordre de grandeur des atomes, c'est-à-dire très grandes par rapport aux molécules d'éther.

Ces molécules poussées par la pression qui s'exerce sur l'éther circulent avec la plus grande facilité dans les espaces interatomiques qu'elles remplissent, elles ne perdent jamais le contact, quelque immenses que soient les corps pondérables qu'elles imbibent. Les atomes pondérables sont, donc, toujours noyés dans l'éther et ils exercent sur ses molécules une action désintégrante, toujours la même, qu'ils soient isolés dans l'espace ou qu'ils constituent par leur agglomération les astres de notre système solaire.

On conçoit par ce que nous venons de dire qu'un atome de matière pondérable détruira, dans l'unité de temps, un volume invariable d'éther, quelle que soit la position occupée par cet atome dans l'Univers. C'est ainsi que s'explique l'invariabilité de la masse d'un atome et, par suite aussi, celle d'un corps.

PASSAGE DES CORPS DANS L'ÉTHER. — Un corps quelconque se réduit à un réseau d'atomes pondérables dont les volumes, dans les circonstances normales, sont invariables. Ce réseau se déplace dans un fluide dépourvu de masse dont les molécules glissent ou roulent sans frottement et se substituent les unes aux autres sans amener aucun changement dans leurs tensions qui ne dépendent que de la position des molécules par rapport au corps. L'éther n'oppose, donc, aucune résistance au mouvement d'un corps et n'absorbe aucune fraction de son énergie dans le cas où ce mouvement est rectiligne et uniforme.

Si le mouvement du corps cesse d'être rectiligne

et uniforme, l'éther donne lieu à une résistance et cette résistance est celle que, dans la théorie ordinaire, on attribue à l'inertie de la matière pondérable ; cette inertie agit à la manière d'un réservoir ; elle absorbe l'énergie du mobile quand son mouvement s'accélère et la restitue quand son mouvement se ralentit. Son action totale est nulle quand le corps mobile revient à sa situation initiale.

Si le volume d'un corps éprouvait une modification, ce qui ne peut arriver que lorsque le corps s'électrise, les conclusions précédentes ne seraient plus applicables.

CHAPITRE II

—

ÉLECRICITÉ STATIQUE

6. — *Tensions de l'éther autour d'un point électrisé.*

Volume normal. — Un atome pondérable a son
volume normal lorsque, isolé dans l'éther, il
n'exerce sur le fluide qui l'entoure d'autre action
que celle qui résulte de la désintégration des molécules d'éther en contact avec sa surface.

État électrique d'un atome pondérable. — Si
un atome a son volume normal, la charge ou
masse électrique de cet atome est nulle et l'atome
n'est pas électrisé.

Si le volume d'un atome est différent de son volume normal, cet atome est électrisé et l'excès,
positif ou négatif du volume de l'atome sur son
volume normal, constitue la charge ou masse
électrique de cet atome.

État de l'éther autour d'un point électrisé.
— Lorsqu'un atome reçoit une charge dont la valeur relative est M, son volume croît ou décroît de

la valeur absolue de M, et toutes les couches sphériques de l'éther qui sont concentriques à l'atome subissent une variation de volume dont la valeur relative est M. En particulier, celle dont le rayon est R prend un rayon R + h (h est positif ou négatif) et, si h est négligeable par rapport à R, on a :

$$(1) \qquad 4\pi R^2 h = M$$

L'éther, étant refoulé à la distance h, oppose à ce refoulement une résistance proportionnelle à h; nous désignerons par F cette résistance, rapportée à l'unité de surface, par E un coefficient constant que nous appellerons le coefficient d'élasticité de l'éther nous aurons :

$$(2) \qquad F = Eh$$

Pour préciser la valeur de E, prenons pour unité de résistance celle qui se produit sur l'unité de surface d'une sphère tracée dans l'éther avec un rayon égal à *un*, autour d'un centre électrisé dont la charge est *un* ; si nous introduisons ces conventions dans les formules (1) et (2) elles deviennent :

$$(1') \qquad 4\pi h = 1$$

$$(2') \qquad 1 = Eh$$

d'où :

$$(3) \qquad E = 4\pi$$

Des relations (1), (2) (3) nous déduisons :

$$F = \frac{M}{R^2}$$

Si la charge introduite dans l'atome est positive, le volume de l'atome augmente ; cet atome refoule l'éther lui imprime une poussée centrifuge et accroît sa pression.

Si la charge introduite est négative le volume de l'atome diminue ; l'éther poussé par sa pression normale, afflue vers l'espace devenu libre ; une dépression se produit autour de l'atome et cette dépression se traduit par une poussée centripète. Toutes les couches d'éther concentriques à un atome chargé sont, donc, soumises à une poussée, centrifuge ou centripète, suivant que la charge de l'atome est positive ou négative ; cette poussée, rapportée à l'unité de surface, est proportionnelle à la charge de l'atome et en raison inverse du carré du rayon de la couche qui la subit.

Pourquoi l'éther est élastique. — Avant de déduire les conséquences de la loi que nous venons de donner, indiquons une objection qui a été opposée à notre théorie. *Comment l'éther peut-il être élastique ? ce fluide est formé de molécules qui roulent et glissent les unes sur les autres sans frottement ; il donne l'image d'un liquide parfait ; il ne peut, donc, pas être soumis à d'autres lois d'équi-*

*libre qu'à celles qui régissent les liquides par-
faits ?*

A cela nous répondrons : 1° Il y a entre un liquide et l'éther des différences essentielles. L'éther
se distingue de tous les liquides par son absence
de masse et son étendue sans limite. Ces deux
propriétés sont, précisément, celles qui nous auto-
risent à donner à l'éther l'élasticité dont nous
l'avons doué.

α) L'éther n'ayant pas de masse, on conçoit
qu'un effort limité puisse déplacer un volume illi-
mité de fluide qui reprendra son volume primitif
dès que l'obstacle interposé aura disparu. C'est ce
qui arrive lorsqu'on introduit de l'électricité dans
l'alvéole d'un atome pondérable ; cette alvéole se
dilate et elle refoule du côté de l'infini les couches
d'éther concentriques ; ou, ce qui revient au même,
elle rejette à l'infini un volume d'éther égal à celui
dont l'alvéole s'est agrandie.

Ce refoulement n'est contraire à aucune loi de
la mécanique, puisque le volume refoulé n'a pas
de masse. Pourquoi l'éther exerce-t-il un effort
pour reprendre la place qu'il a perdue — nous ne
pouvons le dire ; — il semble, toutefois, que l'espace infini soit insuffisant pour contenir l'éther.

β) Si on soumet un volume déterminé d'éther à
des forces s'exerçant sur sa surface entière, nor-
malement de l'extérieur vers l'intérieur, ces forces

ne mettent pas en jeu l'élasticité du fluide qui se comporte comme un liquide parfait. Son état d'équilibre est alors régi par le principe de Pascal. C'est ainsi que tous les points du fluide électrique contenu dans l'alvéole d'un atome pondérable sont soumis à une pression uniforme en tous les points de cette alvéole et, aussi, dans toutes les alvéoles d'un même corps si ces alvéoles communiquent entre elles. — Telles sont les raisons par lesquelles nous croyons avoir établi que l'éther peut avoir deux états d'équilibre distincts, correspondant : le premier à une action des forces exercée sur la masse indéfinie de l'éther, le second, à une action exercée sur un volume limité de ce fluide.

7. — *Lois des actions électriques.*

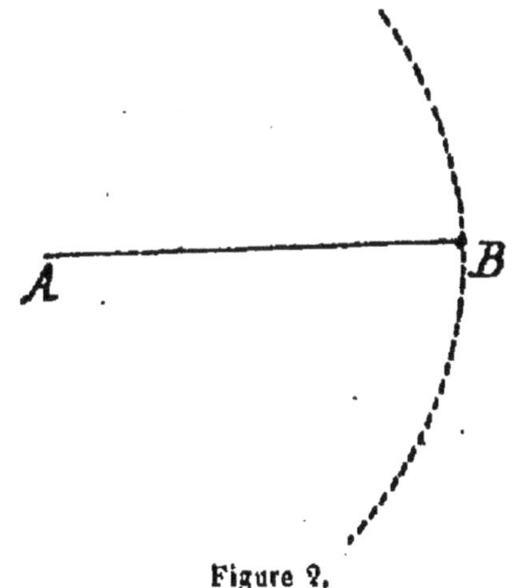

Figure 2.

Théorème. *Deux points électrisés se repoussent ou s'attirent en raison directe de leurs charges et en raison inverse du carré de leur distance, suivant que les charges ont même signe ou des signes contraires.* — (Soient : (fig. 2) A, B, ces deux points ; M, M' leurs charges que nous supposons d'abord positives. Concevons, tracée dans l'éther, la sphère qui a pour centre le point A et pour rayon A B ; la poussée centrifuge, déterminée dans l'éther par le point chargé A, rapportée à l'unité de surface, a pour valeur au point B, sur la sphère A :

$$\frac{M}{\overline{AB}^2}$$

Celle qui agit sur le point matériel B et constitue la force répulsive F, exercée par le point A sur le point B, a pour expression, K désignant une constante convenable :

$$(1) \qquad F = \frac{K.M}{\overline{AB}^2}$$

La force répulsive, exercée par le point B sur le point A a même valeur absolue F, et le raisonnement précédent permet d'écrire (K' désignant une nouvelle constante) :

$$(2) \qquad F = \frac{K'M'}{\overline{AB}^2}$$

Rapprochons les expressions (1) (2) de la force F ; choisissons convenablement l'unité de force, il vient :

$$F = \frac{M.M'}{\overline{AB}^2}$$

Cette formule démontre la loi dans le cas où

nous nous sommes placés ; pour la démontrer dans les autres cas, il suffit de remarquer que si l'une des quantités M, M' change de signe, le sens de la force F change aussi, sa valeur absolue restant la même.

INDÉPENDANCE DES ACTIONS DE PLUSIEURS POINTS ÉLECTRISÉS SUR L'ÉTHER. — Si plusieurs points sont électrisés, chacun d'eux agit sur l'éther comme s'il était seul. La raison de ce fait est due à l'absolue dureté des molécules d'éther qui peuvent subir autant de pressions qu'on le voudra, provenant de points électrisés différents, sans se déformer.

8. — *Corps conducteurs*

Lorsque deux atomes pondérables sont en contact, ou ne sont séparés que par une mince couche d'éther, cette couche disparaît et les alvéoles des deux atomes communiquent par une ouverture plus ou moins grande. Si cette ouverture est suffisante pour que l'électricité puisse passer, librement, d'un atome à l'atome voisin, elle supporte la même pression dans ces deux atomes et l'éther qui les entoure a aussi la même pression sur toute la périphérie des deux atomes.

DÉFINITION. — *Un corps est bon conducteur de l'électricité lorsque tous ses atomes pondérables*

*communiquent par des ouvertures suffisantes pour
que, dans tous, l'électricité ait la même pression.*

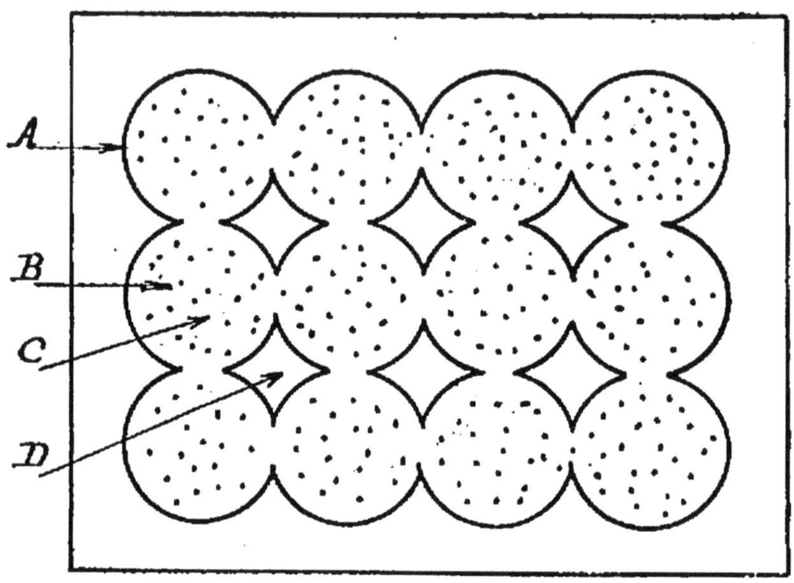

Figure 3. — Corps bon conducteur
A, Pellicule. — B, C, Alvéoles, Électricité. — D, Éther

Si cette condition n'est pas remplie ou ne l'est
qu'imparfaitement, le corps n'est pas conducteur
de l'électricité ou n'est qu'un médiocre ou mauvais conducteur.

L'ensemble des alvéoles de tous les points d'un
corps bon conducteur forme une cavité unique
dans laquelle l'électricité se trouve emprisonnée
par la pellicule qui la circonscrit.

Dans un corps bon conducteur l'électricité a,
en tous les points, la même pression et cette pression est, aussi, en ces points, celle de l'éther. Les
deux fluides sont soumis, lorsqu'ils sont en équi-

libre, au principe de l'égalité des pressions en tous leurs points. L'éther, comme nous l'avons vu plus haut (6), admet, autour d'un atome électrisé, un autre genre d'équilibre dans lequel les pressions dues à la charge de l'atome sont les mêmes en tous les points d'une sphère concentrique à l'atome, mais vont en décroissant à mesure que le rayon de la sphère concentrique croît.

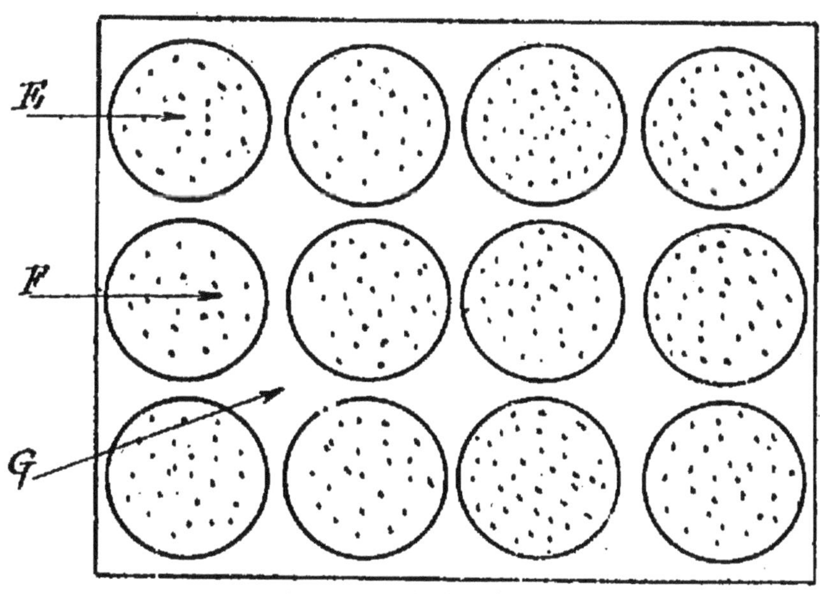

Figure 4. — Diélectrique.
E, F, Alvéoles, Électricité — G, Éther.

DIÉLECTRIQUE. — Dans un diélectrique les atomes pondérables sont isolés dans l'éther.

CONDUCTEUR ÉLECTRISÉ. — Un corps conducteur est électrisé lorsque tous ses points ou une partie seulement d'entre eux sont électrisés ; sa charge est la somme algébrique des charges de tous ses points. Si le conducteur est parfait l'électricité a la même pression en tous les points du conducteur et, par suite aussi, l'éther.

L'électrisation des corps est superficielle. Un certain nombre de faits montrent que, seules, les molécules superficielles d'un corps conducteur solide peuvent s'électriser. La raison de ce fait est due, probablement, à la force de cohésion qui s'oppose à l'accroissement du volume des atomes pondérables intérieurs au corps.

9. — *Phénomènes d'Influence*

PHÉNOMÈNE FONDAMENTAL. — Soient : A un conducteur électrisé positivement, pour fixer les idées, B un conducteur neutre isolé.

Le conducteur A est un centre de pressions dans l'éther ; ces pressions, supérieures à la normale, décroissent à mesure qu'on s'éloigne de A.

— Les points matériels du conducteur B

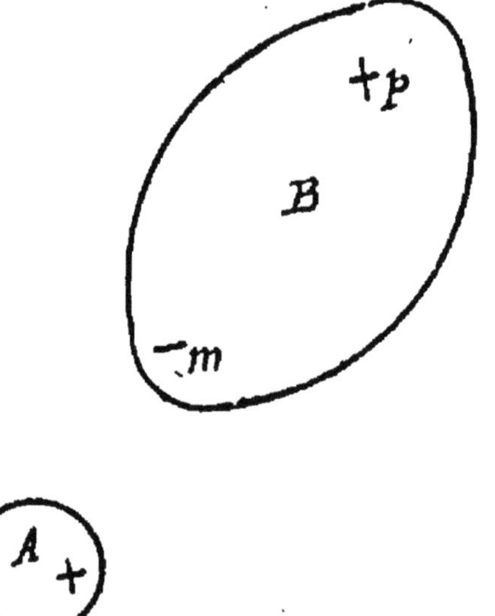

Figure 5.

subissent, dans sa partie *m* voisine de A, des pres-

sions plus fortes que dans sa partie *p* plus éloignée.
Ces pressions ont pour effet de contracter les alvéoles des atomes pondérables situés en *m* et de
faire passer en *p* l'électricité expulsée de *m*.

— Le conducteur B se charge, ainsi, négativement en *m*, positivement en *p*, mais sa charge totale reste nulle puisque la quantité d'électricité
qu'il contenait n'a pas varié.

Remarque I. — Si le conducteur B était relié au
sol par une chaîne conductrice, l'électricité expulsée de la partie *m* du conducteur B passerait dans
le sol et ce conducteur se chargerait négativement
dans toutes ses parties.

THÉORÈME DE FARADAY. — Si un conducteur
creux isolé, B, renferme, dans sa cavité, des corps

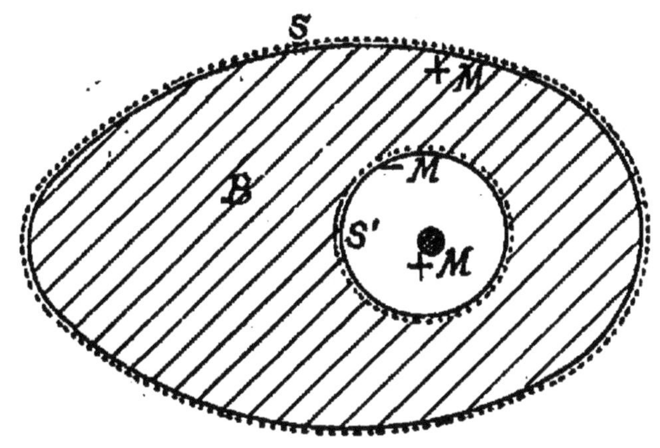

Figure 6.

électrisés dont la charge totale soit + M, ce conducteur prend, sur sa face intérieure S', une charge
— M, et, sur sa face extérieure S une charge + M.

En effet, quand on donne une charge + M aux corps situés dans la cavité, l'éther qu'elle renferme subit, à la fois, un accroissement de pression et un refoulement dont le volume est M. Par suite de ce refoulement et de cet accroissement de pression, les atomes pondérables de la face intérieure S' subissent une perte totale de volume égale à M ; par compensation, les points pondérables de la face extérieure S reçoivent un accroissement de volume égal à + M.

On aura, donc, sur la face intérieure du conducteur B, une charge — M, sur sa face extérieure, une charge + M.

Remarque. — La démonstration subsiste lorsqu'on introduit les corps électrisés avec leur charge totale M dans la cavité du conducteur B, puisque, dans l'un et l'autre cas, les pressions de l'éther sont les mêmes autour des corps électrisés.

Remarque II. — Le théorème précédent donne la théorie du cylindre de Faraday.

— De quelque façon que des charges électriques dont la valeur totale est M, soient placées à l'intérieur du cylindre de Faraday, sa surface extérieure se recouvrira d'une couche d'électricité et la charge totale de cette couche sera M ; ainsi le cylindre de Faraday a pour effet de totaliser sur sa surface extérieure toutes les charges qu'il contient intérieurement ; il joue à l'égard de ces charges le rôle d'une balance à l'égard des poids et fournit un moyen commode pour les mesurer.

ECRAN ELECTRIQUE I. — Un conducteur creux forme un écran qui protège les points intérieurs à la surface contre l'influence des corps électrisés extérieurs.

— En effet, dans tous les points situés à l'intérieur de la surface conductrice l'électricité et, par suite, l'éther ont une pression uniforme. Les forces électriques y sont, donc, nulles.

II. — Une plaque conductrice reliée au sol, forme un écran qui protège les corps situés d'un côté de la plaque contre l'influence d'un corps électrisé placé de l'autre côté.

III. — Une plaque conductrice, isolée, ne protège pas les corps situés d'un côté de cette plaque contre l'influence d'un corps électrisé placé de l'autre côté.

En effet, dans ce dernier cas, le côté de la plaque opposé au corps électrisé prend une charge de même nom que celle du corps électrisé, et cette charge influence les corps qui sont placés en face d'elle.

On peut énoncer comme suit ces deux derniers paragraphes :

Un corps conducteur est transparent ou opaque pour l'électricité, suivant qu'il est ou n'est pas isolé.

10. — *Potentiel*

CHAMP ÉLECTRIQUE. — On appelle *Champ électrique* un espace dans lequel un corps électrisé est soumis à des forces électriques.

La force électrique qui agit en un point du champ, est la valeur du champ, sa direction et son intensité sont la direction et l'intensité du champ ; un corps électrisé est en équilibre électrique lorsque les forces électriques qui sollicitent un quelconque de ses points se font équilibre.

LOI DES PRESSIONS DE L'ÉTHER AUTOUR D'UN POINT ÉLECTRISÉ. — Remarquons que pour raison de symétrie la pression p, rapportée à l'unité de sur-

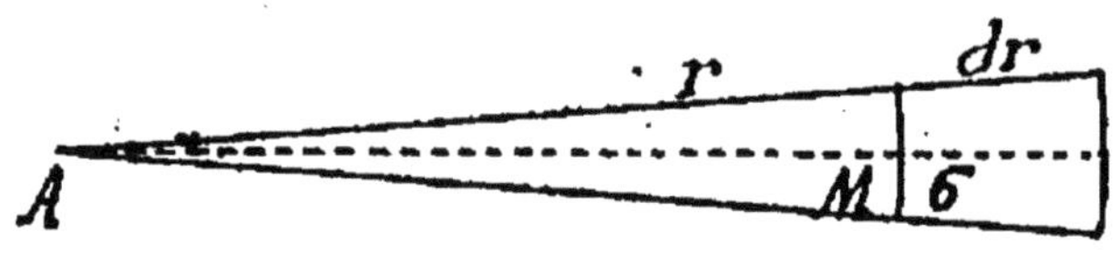

Figure 7.

face, qu'un point A dont la charge est m détermine en un point M de l'éther ne dépend que de cette charge m et de sa distance r au point M.

Pour fixer les idées nous supposons m positif. La pression p est une fonction de r que nous nous proposons de déterminer quand l'équilibre est établi.

Concevons deux sphères concentriques, de centre

A, de rayons r et $r + dr$ et une surface conique très aiguë, de révolution autour de AM ; donnons à cette surface le point A pour sommet, et remarquons que les deux sphères concentriques interceptent sur cette surface conique un tronc de cône infinitésimal qui peut être assimilé à un cylindre de révolution dont la base serait la section σ déterminée sur l'une des sphères concentriques et dont la hauteur serait la différence dr de leurs rayons. Ce cylindre infinitésimal est sollicité par les pressions, dirigées vers l'intérieur, que le fluide exerce sur ses trois faces.

Les pressions latérales se détruisent, les pressions sur les bases σ du cylindre, rapportées à l'unité d'aire, ont pour valeurs.

$$p \qquad \text{et} \qquad -(p + dp)$$

dp désignant l'accroissement de pression qui correspond à l'accroisement de distance dr au point chargé. Les pressions sur les bases σ du cylindre ont pour valeurs :

$$p\sigma \qquad \text{et} \qquad -(p + dp)\,\sigma.$$

La somme algébrique de ces pressions $- dp\,\sigma$ n'est autre que la force électrique qui est appliquée, au volume du cylindre ; si on désigne par F, cette force rapportée à l'unité de volume, on a :

$$F\sigma dr = - dp\sigma$$

ou :

$$F\,dr = -\,dp.$$

D'ailleurs, on sait que

$$F = \frac{m}{r^2};$$

donc :

$$\frac{m}{r^2}\,dr = -\,dp$$

ou, encore :

$$dp = d\,\frac{m}{r}$$

et, en intégrant :

$$p = \frac{m}{r} + C$$

Cette formule est générale.

Observons que la constante d'intégration C représente la pression normale de l'éther, puisque c'est la pression qui correspond à une valeur infinie de r.

Si m est positif, les pressions sont, autour du point A, supérieures à la pression normale et décroissantes ; si m est négatif, les pressions, autour de A, sont inférieures à la normale et croissantes.

LA PRESSION DE L'ÉTHER A, TOUJOURS, UNE VALEUR FINIE. — En effet, dans la formule $p = \frac{m}{r} + C$ qui donne la valeur de la pression autour d'un atome chargé, à la distance r du centre de cet atome, la valeur de r, si on se reporte à la méthode dont nous nous sommes servis pour établir la formule, ne peut pas être inférieure au rayon de cet atome ; elle n'est, donc, jamais nulle.

Dans l'alvéole la pression de l'électricité a une valeur constante.

Remarque. — Lés mêmes considérations nous permettront de conclure que si les charges électriques qui constituent un champ électrisé ont une valeur finie, la force électrique déterminée par ce champ en un point quelconque de l'espace a, elle aussi, une valeur finie ; en effet, les composantes de la force électrique sont en nombre fini et chacune d'elles a une valeur finie et déterminée donnée par la formule $\frac{m}{r^2}$.

DÉFINITION. — On appelle *potentiel* d'un point de l'espace la différence positive ou négative, qui existe entre la pression de l'éther en ce point et sa pression normale.

Nous venons de voir qu'un atome électrisé A dont la charge est m accroît de la quantité $\frac{m}{r}$ la pression de l'éther en un point situé à une distance r de cet atome électrisé ; il accroît donc, aussi, de $\frac{m}{r}$ le potentiel de ce point.

VALEUR DU POTENTIEL EN UN POINT D'UN CHAMP ÉLECTRISÉ. — Puisqu'un point quelconque électrisé agit sur l'éther comme s'il était seul (7), il suffira, pour obtenir le potentiel déterminé par un champ électrisé en un point quelconque P de l'espace, de faire la somme algébrique des potentiels de ce point relatifs à tous les points du champ.

Si les points du champ ont des charges m_1, $m_2 \ldots m_n$;

Si leurs distances au point P sont : r_1, $r_2, \ldots r_n$;

Le potentiel V du point P sera :

$$V = \frac{m_1}{r_1} + \frac{m_2}{r_2} + \ldots + \frac{m_n}{r_n}.$$

Ainsi, dans notre théorie, l'expression du potentiel est celle qui a été donnée jusqu'ici ; elle conduit aux mêmes calculs et présente l'avantage de correspondre à une propriété physique très simple de la matière.

Cette propriété physique s'imposait, déjà, par la force des choses. Les savants qui cherchaient une interprétation du potentiel le comparaient à la force que l'eau doit à son niveau et, comme conséquence, à la pression de ce liquide à l'orifice de sortie d'un réservoir. Ajoutons que cette propriété physique du potentiel simplifie beaucoup de démonstrations.

EXPRESSION ANALYTIQUE DU POTENTIEL EN UN POINT DU CHAMP. — Rapportons les points du champ à un système d'axes rectangulaires $oxyz$; soient P (xyz), le point dont nous voulons déterminer le potentiel V, $M_1(x_1 y_1 z_1)$, $M_2(x_2 y_2 z_2) \ldots$ les points du champ ; m_1, m_2 .... les charges de ces points ; r_1, r_2 ... leurs distances au point P ; dési-

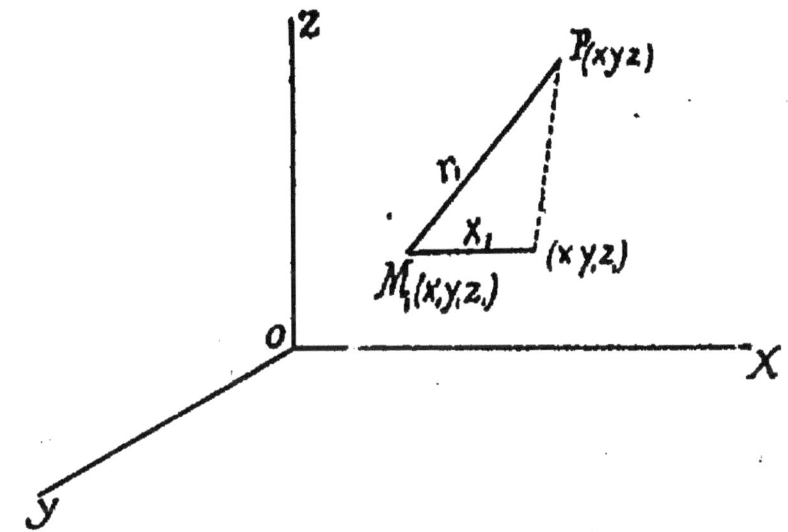

Figure 8.

gnons par (X, Y, Z) les composantes, suivant les axes, de la valeur du champ au point P.

Nous pouvons écrire :

$$(\alpha) \qquad V = \sum \frac{m_1}{r_1}.$$

V est une fonction des distances $(r_1, r_2...)$; c'est donc, aussi, une fonction des trois variables (x, y, z), car on a :

$$(\beta) \qquad r_1^2 = (x - x_1)^2 + (y - y_1)^2 + (z - z_1)^2.$$

Prenons les dérivées partielles, par rapport à x, des deux membres de l'équation (α), il vient :

$$\left(\frac{dV}{dx}\right) = - \sum \frac{m_1}{r_1^2} \cdot \frac{dr_1}{dx}.$$

Observons que $\frac{m_1}{r_1^2}$ est la force électrique que le point chargé M_1 produit en P ; que $\frac{dr_1}{dx}$ s'obtient en dérivant par rapport à x les deux membres de l'équation (β) et a pour valeur $\frac{x - x_1}{r_1}$, expression qui représente le cosinus de l'angle des deux directions ox, $M_1 P$. — $\frac{m_1}{r_1^2} \frac{dr_1}{dx}$ est donc la composante X_1 suivant ox, de la force électrique que le point chargé M_1 détermine en P ; et $\sum \frac{m_1}{r_1^2} \frac{dr_1}{dx}$ est la somme des composantes, sur l'axe ox, des forces électriques qui agissent au point P ; c'est la composante X de la valeur du champ au point P.

$$\frac{dV}{dx} = - X ; \quad \text{ou} \quad X = - \frac{dV}{dx}$$

Nous obtenons par symétrie Y, Z, et pouvons écrire :

$$(\gamma) \quad X = - \frac{dV}{dx} \quad Y = - \frac{dV}{dy} \quad Z = - \frac{dV}{dz}$$

De là nous concluons :

Les composantes du champ suivant les trois axes sont les dérivées du potentiel par rapport aux variables correspondantes, changées de signe.

Des équations (γ) nous déduisons :

$$X dx + Y dy + Z dz = - \left(\frac{dV}{dx} dx + \frac{dV}{dy} dy + \frac{dV}{dz} dz \right)$$

Ou, encore, en remarquant que la parenthèse est la valeur de la différentielle totale dV.

$$(\delta) \qquad X dx + Y dy + Z dz = -dV.$$

V, nous l'avons dit plus haut, est une fonction de x, y, z, qui peut s'écrire :

$$V = f(x, y, z).$$

Sous cette forme, elle est équivalente à l'équation (δ). Désignons par C une constante arbitraire et écrivons :

$$V = f(x, y, z) = C.$$

Nous obtenons ainsi une équation qui représente le lieu des points de l'espace où le potentiel a une valeur constante C. Une pareille surface est appelée surface équipotentielle et, si on fait varier C, l'équation

$$f(x, y, z) = C$$

représente une famille de surfaces équipotentielles.

Une quelconque de ces surfaces a pour équation différentielle :

$$X dx + Y dy + Z dz = 0.$$

Sous cette forme, elle exprime que la direction de la force F du champ dont les composantes sont X, Y, Z est normale à la surface équipotentielle qui passe par son point d'application. Une surface équipotentielle est donc une surface de niveau.

Relation entre le potentiel et l'intensité du champ.
— Prenons pour plan des xy le plan perpendiculaire à la direction de l'intensité F du champ au point P, les composantes X, Y sont alors nulles et la composante Z est égale à F ; d'où :

$$- dV = Fdz.$$

Appelons dn l'élément de la normale au point P qui correspond à une variation dV du potentiel ; dz sera égal à dn et on aura :

$$F = - \frac{dV}{dn}$$

De là nous concluons : *L'intensité du champ, en un point, est la dérivée de la pression considérée comme une fonction de la longueur prise sur la normale à la surface équipotentielle en ce point.* — *Quelques propriétés générales.* — Nous avons vu que, dans un corps conducteur, la pression de l'électricité, et par suite celle de l'éther, est la même en tous les points (8). Il suit de là que tous les points d'un même corps conducteur ont le même potentiel et que tous les points d'une même surface conductrice appartiennent à une même surface équipotentielle.

L'interprétation que nous venons de donner du potentiel et des surfaces équipotentielles explique très simplement les propriétés suivantes :

I. — Lorsque deux corps conducteurs, ayant le

même potentiel, sont mis en contact, il n'y a aucun mouvement d'électricité dans ces corps.

II. — Lorsque deux corps conducteurs, amenés au contact, ont des potentiels différents, l'électricité est chassée, par la pression qu'elle subit, du corps dont le potentiel est le plus haut dans celui dont le potentiel est le plus bas et, lorsque le contact a eu lieu, l'électricité des deux conducteurs se trouve ramenée au même potentiel, c'est à-dire à la même pression.

III. — Lorsque dans un corps conducteur deux points sont maintenus à des potentiels différents, ce corps n'est pas en équilibre électrique et un courant d'électricité s'établit dans ce conducteur allant du point dont le potentiel est le plus élevé à celui dont le potentiel est moindre ; l'intensité du courant est, toutes choses égales d'ailleurs, proportionnelle à la différence des potentiels des deux points, c'est-à-dire à la différence des pressions de l'électricité en ces deux points.

IV. — Quand un point traverse la surface d'un conducteur, son potentiel varie d'une manière continue. En effet, dans ce conducteur et sur la surface, le potentiel a une valeur constante ; de plus, il ne devient infini en aucun point de l'espace. Enfin, ses trois dérivées partielles X, Y, Z, sont toujours finies parce que la force électrique F.

dont elles sont les composantes ne devient infinie en aucun point de l'espace.

V. — Quand un point traverse une surface électrisée conductrice, la force électrique qui s'exerce sur ce point varie brusquement de o à $-\dfrac{dV}{dn}$.

Désignons par V le potentiel constant de tous les points de la surface électrisée ; menons, en un quelconque M de ses points, une demi-normale extérieure à la surface et prenons sur cette normale une distance MM' très petite, que nous désignerons par dn. Le potentiel du point M' sera $V + dV$; dV désignant l'accroissement très petit du potentiel quand le point passe de M en M', nous savons (10) que la force électrique qui s'exerce en M est la limite vers laquelle tend $-\dfrac{dV}{dn}$ quand dn devient nul. On verra plus loin (11) que cette force a pour valeur $4\pi\mu$, μ désignant la densité électrique du point M.

DISTRIBUTION DE L'ÉLECTRICITÉ A LA SURFACE D'UN CONDUCTEUR. — Les points électrisés de la surface d'un conducteur agissent de la même manière sur les points extérieurs ou intérieurs à ce conducteur pour modifier leur potentiel. Le potentiel d'un point P intérieur est donc donné par la formule connue $\sum \dfrac{m}{r}$; dans laquelle m désigne la charge d'un point superficiel électrisé et r la distance de ce point au point P. Cette pression ou

potentiel devant, comme nous venons de le dire,
être constant en tous les points intérieurs, une répartition convenable des charges s'opère sur la
surface du conducteur. Cette répartition n'est possible que d'une seule manière, et elle détermine
la distribution de l'électricité sur la surface du
conducteur en équilibre.

II. — *Action d'un conducteur électrisé sur l'éther*

DENSITÉ ÉLECTRIQUE. — Dans la théorie que
nous exposons, l'électricité ne joue un rôle que
par son volume. La seule chose à considérer dans
les phénomènes électriques est la charge positive
ou négative d'un point ou d'un élément superficiel.

Nous représenterons la charge d'un élément
conducteur superficiel très petit par l'épaisseur,
positive ou négative, d'une couche uniforme
ayant pour base l'élément et pour volume la
somme des charges de tous les points électrisés de
cet élément ; cette épaisseur est la densité électrique, positive ou négative, de l'élément ; elle
agit sur l'éther, si elle est positive, à la façon d'un
coin qui le soulève.

La poussée, ou force électrique, produite dans
l'éther par un élément superficiel dont l'aire est

égale à l'unité et dont la densité est μ, a pour valeur $4\pi\mu$. 4π désignant la valeur du coefficient d'élasticité de l'éther.

Lorsqu'un corps est électrisé, l'éther, dans le voisinage de ce corps, est soumis à des pressions qui mettent en jeu son élasticité ; un élément superficiel très petit s, tracé dans l'éther, se transporte en s' par une translation. Si cette translation est à la fois normale aux deux éléments et égale à μ, la force électrique que l'éther exerce sur l'élément s' a pour valeur $4\pi\mu s$, absolument comme il en serait si l'élément s avait été recouvert d'une couche d'électricité de densité μ.

Nous allons constater l'exactitude de ce que nous avançons sur quelques exemples simples.

CONDUCTEUR PLAN INDÉFINI. — Un conducteur plan indéfini, électrisé positivement, exerce sur toutes les couches d'éther qui lui sont parallèles une poussée répulsive, normale à la surface de la couche, constante lorsqu'on la rapporte à l'unité de surface et proportionnelle à la densité électrique du plan conducteur.

En effet, soit μ cette densité. La charge du plan conducteur soulève toutes les couches d'éther, parallèles au plan, à une même hauteur μ ; elle exerce donc sur chacune de ces couches la même poussée φ par unité d'aire et on a :

$$\varphi = 4\pi\mu.$$

Cette formule traduit la loi énoncée.

Remarque. — La même loi s'applique, d'une façon sensiblement exacte, au cas où une portion de plan est seule électrisée.

Conducteur cylindrique de révolution indéfini. — Ce conducteur, s'il est électrisé positivement, exerce sur les couches d'éther de révolution autour de son axe une poussée répulsive, proportionnelle à sa densité électrique μ, et inversement proportionnelle au rayon de la couche considérée.

Soient : R le rayon du conducteur cylindrique, R′ le rayon de la couche, φ la poussée exercée par l'éther sur l'unité d'aire de cette couche et μ la densité électrique du conducteur.

La charge μ soulève la couche de rayon R′ d'une épaisseur $\dfrac{R}{R'} \mu.$.

Par suite, la poussée que cette couche exerce sur l'éther est :

$$4\pi\,\frac{R}{R'}\,\mu.$$

c. q. f. d.

Conducteur sphérique. — Un conducteur sphérique, électrisé positivement, exerce sur les couches d'éther concentriques une poussée centrifuge proportionnelle à la densité électrique μ du conducteur, et inversement proportionnelle au carré du rayon de la couche considérée.

Soient R le rayon de la sphère conductrice, R' celui de la couche concentrique, φ la poussée normale exercée par l'éther sur l'unité d'aire de la couche. La densité μ du conducteur refoule la couche de rayon R' à la distance $\frac{R^2}{R'^2}\mu$. Par suite, cette couche exerce sur l'éther une poussée centrifuge dont la valeur est, par unité de surface :

$$\varphi = 4\pi \times \frac{R^2}{R'^2} \cdot \mu. \qquad\qquad \text{c. q. f. d.}$$

Les trois théorèmes que nous venons de démontrer correspondent aux propriétés suivantes, bien connues, que, dans la théorie ordinaire, on démontre, soit par l'expérience, soit par le calcul.

I. — *Un plan électrisé positivement exerce une répulsion constante sur un point électrisé positivement, indépendante de la distance de ce point au plan.*

II. — *Un cylindre de révolution indéfini, conducteur et électrisé positivement, exerce sur un point électrisé positivement, une répulsion dont l'intensité varie en raison inverse de la distance du point à l'axe du cylindre.*

III. — *Une sphère conductrice, électrisée positivement, exerce, sur un point électrisé positivement, une répulsion dont l'intensité varie en raison inverse du carré de la distance du point au centre de la sphère.*

LIGNE DE FORCE. — On appelle ligne de force d'un champ électrisé une ligne tangente en chacun de ses points à la direction du champ en ce point.

Il suit de cette définition :

1° Que par chacun des points de l'espace on peut mener une ligne de force et une seule ;

2° Que les lignes de force d'un champ sont orthogonales, en chacun de leurs points à la surface équipotentielle qui passe en ce point ;

3° Que si on se déplace sur une ligne de force dans un sens déterminé, le potentiel varie toujours dans le même sens ;

4° Que toutes les molécules d'éther d'un même champ sont sollicitées à se mouvoir dans le sens de la ligne de force qui les traverse.

TUBE DE FORCE. — Si par les divers points d'une courbe fermée, tracée dans un champ électrisé, on mène la ligne de force qui y passe, l'ensemble de ces lignes est un tube de force.

Toute ligne de force dont un point est situé dans un tube de force s'y trouve en entier.

Si un tube de force T, ne renfermant aucune charge électrique, repose par ses extrémités σ, σ' sur deux surfaces conductrices électrisées S, S', ces deux surfaces sont chargées, l'une d'électricité positive, l'autre d'électricité négative.

Supposons que la surface conductrice S ait un

potentiel positif V, les charges électriques du champ exercent sur la base σ du tube une pression dirigée vers l'extérieur et toutes les sections équipotentielles σ_1, σ_2... σ' faites dans le tube en allant de S vers S', subissent des pressions normales

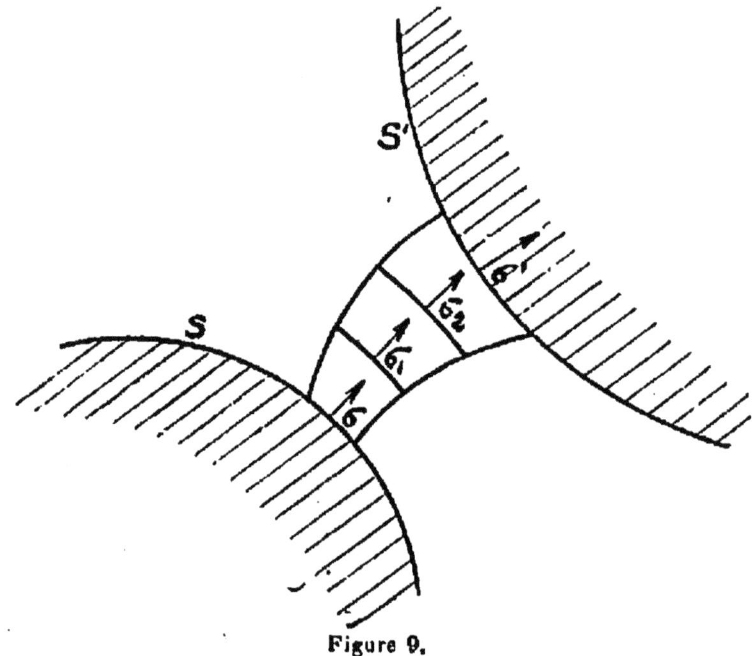

Figure 9.

dont la valeur totale est la même et qui s'exercent dans un même sens ; l'élément σ' de la surface S' subit donc une pression dirigée vers l'intérieur de la surface S', ce qui revient à dire que l'élément σ' a une charge négative égale, en valeur absolue, à la charge positive de l'élément σ.

Cet exemple montre bien le rôle que joue l'éther dans la transmission des pressions électriques. — Ce rôle est celui d'un solide élastique.

12. — Théorème de Gauss

FLUX DE FORCE. — Si une suface idéale fermée S, tracée dans l'éther, renferme des masses électriques dont la somme totale soit M, la force électrique f, due à ces masses, rapportée à l'unité de surface, détermine sur chacun des éléments infiniment petits dS de la surface S une composante normale appelée flux de force, qui met en jeu l'élasticité de l'éther et pousse l'élément dS vers l'extérieur de la surface si M est positif, vers l'intérieur si M est négatif.

Le théorème de Gauss établit une relation importante entre le flux total qui s'exerce sur la surface et la valeur totale des charges qu'elle renferme.

THÉORÈME. — Le flux de force qui sort d'une surface fermée S est égal au produit par le facteur 4π de la quantité totale d'électricité M contenue dans cette surface.

Nous supposons M positive et désignons par S' la surface idéale que la charge M a refoulée en S lorsqu'elle y a été introduite. L'espace compris entre les deux surfaces S', S est égal à M. Décomposons la surface S en éléments très petits dS et la surface S' en éléments dS' correspondants. L'élément dS', en venant se placer sur l'élément dS, engendre un élément de volume dM que l'on peut assimiler à un petit cylindre, généralement oblique, de base dS et de hauteur $\frac{dM}{dS}$. L'éther a subi sur l'élément de surface dS un refoulement $\frac{dM}{dS}$; par suite de ce refoulement, l'élasticité de l'éther a développé une force électrique normale à dS, qui a pour valeur :

$$4\pi \times \frac{dM}{dS} \times dS = 4\pi dM.$$

C'est le flux de force à travers l'élément dS.
Le flux total à travers la surface S est donc :

$$\Sigma 4\pi dM = 4\pi \times M. \qquad \text{c. q. f. d.}$$

Remarque I. — Si la surface idéale fermée S, tracée dans l'éther, ne renfermait aucune masse électrique et était soumise à l'action de masses extérieures, cette surface subirait, sur ses éléments, des flux de force dont les uns seraient dirigés vers l'extérieur, les autres vers l'intérieur et la somme algébrique de ces flux de force serait nulle.

Remarque II. — Le théorème de Gauss que nous venons de démontrer et le théorème de Faraday (9) expriment une même propriété du champ électrique relative, dans le théorème de

Gauss, à une surface idéale tracée dans l'éther, dans le théorème de Faraday à une surface conductrice sur laquelle des charges intérieures font apparaître une charge extérieure égale à leur somme algébrique. .

Remarque III. — Le théorème de Gauss n'est pas autre chose que l'extension à une surface idéale tracée dans l'éther, contenant intérieurement des charges électriques de la propriété de l'atome pondérable électrisé (6) d'où nous avons déduit les lois d'attraction et de répulsion électriques. Il est, dès lors, très naturel, ainsi que le remarquent MM. Bichat et Blondlot dans leur excellent traité, que du théorème de Gauss on puisse déduire, comme cas particulier, les lois d'attraction et de répulsion des corps électrisés suivant la raison directe des masses et la raison inverse du carré des distances.

Remarque IV. — Si la surface idéale S tracée dans l'éther était une surface équipotentielle, on pourrait distribuer entre les deux surfaces S, S', l'électricité M intérieure et rien ne serait changé dans les pressions de l'éther à l'extérieur de S ; à l'intérieur le potentiel serait constant et égal au potentiel V de la surface équipotentielle S.

La densité μ de l'électricité, au point P de la surface S, peut se calculer de deux manières :

1° En remarquant que la force électrique au

point P a pour valeur $4\pi\mu$; 2° qu'elle a, également, pour valeur : (10) $-\dfrac{dV}{dn}$, d'où l'on déduit :

$$\mu = -\frac{dV}{4\pi dn}.$$

De là on conclut que si une surface conductrice S fait partie d'une famille de surfaces équipotentielles connue, on peut calculer à l'aide de la formule précédente la distribution de l'électricité sur cette surface.

Remarque V. — Si un tube de force ne renferme pas de points électrisés, toutes les sections que l'on peut tracer dans ce tube subissent des pressions normales dont la valeur totale est la même.

Des remarques qui précèdent nous pouvons tirer quelques conséquences intéressantes.

Si, sur une sphère conductrice de rayon R, on place une charge M, c'est-à-dire une couche électrique dont la densité soit $\mu = \dfrac{M}{4\pi R^2}$, l'éther aura, à l'intérieur de la sphère, la pression constante $\dfrac{M}{R}$; à l'extérieur les pressions seront variables et données par la formule $\dfrac{M}{\rho}$, ρ désignant la distance supérieure à R, du point considéré au centre.

Toutes les couches qui, avant l'électrisation, étaient concentriques à la sphère de rayon R et extérieures à cette sphère se sont déplacées ; la couche de rayon R' a subi un accroissement de rayon égal à $\dfrac{M}{4\pi R'^3}$ qui correspond à un accroissement de volume intérieur égal à M.

Si la sphère de rayon R' était rendue conductrice et si, sur cette sphère, on transportait la charge M, cette charge produirait, dans la région de l'éther extérieure à la sphère, les mêmes forces élastiques qu'elle y produisait lorsqu'elle était placée sur la sphère R; une seule chose serait modifiée, savoir les pressions intérieures à la sphère R'; ces pressions deviendraient constantes et égales à $\dfrac{M}{R'}$.

CHAPITRE III

—

COURANTS ÉLECTRIQUES

13. — Oscillations électriques.

Notre théorie dans ses rapports avec celle du déplacement électrique de Maxwell. — Avant Maxwell les diélectriques et le vide qui est le plus parfait d'entre eux étaient considérés comme ne pouvant donner lieu à la propagation de l'électricité. Maxwell a restitué aux diélectriques leur rôle véritable; il a vu « que les diélectriques opposent au passage de l'électricité, non pas une résistance plus grande que les conducteurs mais une résistance d'une autre nature ; les diélectriques se comportent pour les mouvements de l'électricité comme des solides élastiques pour les mouvements matériels (¹) ». Nous nous proposons de démontrer que si l'éther ne se laisse pas tra-

---

(¹) H. Poincaré. — *La théorie de Maxwell et les oscillations Hert-ziennes.*

verser par des courants électriques, au sens que Maxwell donnait à ce mot, il permet à ces courants de se reconstituer à des distances considérables de leur point d'origine s'ils y trouvent les éléments nécessaires à cette reconstitution.

Prenons un exemple ; mettons en communication la surface d'une sphère conductrice, neutre et isolée de rayon R avec une source électrique dont le potentiel soit V ; l'électricité se précipite sur la sphère, soulève la couche d'éther adjacente à une hauteur μ qui correspond au potentiel V.

$$\mu = \frac{V}{4\pi R}.$$

Dès que le potentiel de l'éther, autour de la sphère, est devenu égal à V il s'oppose à la continuation du mouvement de l'électricité et la durée du courant a pris fin ; mais l'action du courant ne s'est pas bornée à ce que nous venons de dire. La couche d'éther, refoulée autour de la sphère, a refoulé, à son tour, les couches d'éther concentriques qui l'enveloppent ; celle de rayon R' a été soulevée d'une épaisseur $\mu' = \frac{VR}{4\pi R'^2}$; ce qui équivaut à dire que l'électricité déposée sur la sphère de rayon R a transporté sur la sphère de rayon R' une force élastique qui lui a donné le potentiel $\frac{VR}{R'}$ et ferait apparaître sur cette surface, si elle était rendue conductrice, une couche électrique de densité $\mu' = \dfrac{R^2}{R'^2} . \mu.$.

Si, dans l'éther, il ne peut se produire un courant de déplacement de longue durée, il n'en est pas de même pour des courants alternatifs à alternance extrêmement rapide. Ces courants, si nous continuons à prendre l'exemple précédent, consistent dans l'électrisation alternativement positive et négative de la sphère sans qu'il y ait interruption dans le mouvement de va et vient de l'électricité.

Ces oscillations ou vibrations électriques dont le nombre peut s'élever à quatre ou cinq cent trillions par seconde déterminent dans l'éther, comme nous l'avons vu, des variations rapides de potentiel pouvant produire des courants induits sur un fil conducteur. Si ce fil est convenablement disposé, il révèlera le passage du courant par une étincelle.

Ces courants induits peuvent se recueillir à plusieurs centaines de kilomètres de la sphère qui les a excités. Ils donnent, ainsi, le principe de la télégraphie sans fil.

Maxwell a assimilé à des courants électriques de déplacement dont l'alternance serait de cinq cent trillions par seconde les vibrations que produit dans l'éther un point lumineux et il a ainsi établi sa célèbre théorie électromagnétique de la lumière qui identifie les phénomènes lumineux à des phénomènes électriques.

EXPLICATION MÉCANIQUE DU PHÉNOMÈNE DES OSCILLATIONS ÉLECTRIQUES. — P, Q sont les deux plateaux d'un condensateur et ces plateaux sont reliés par un fil conducteur dans lequel est pratiquée une coupure *ab*.

Nous nous supposons placés dans le cas où le condensateur étant chargé les électricités qui recouvrent ses deux plateaux se recombinent par une série de décharges successives faisant passer, simultanément, les électricités positive et négative d'un plateau sur l'autre. Ce cas se présente, comme on le sait, lorsque la capacité du condensateur, la résistance du circuit et sa self-induction vérifient une certaine inégalité.

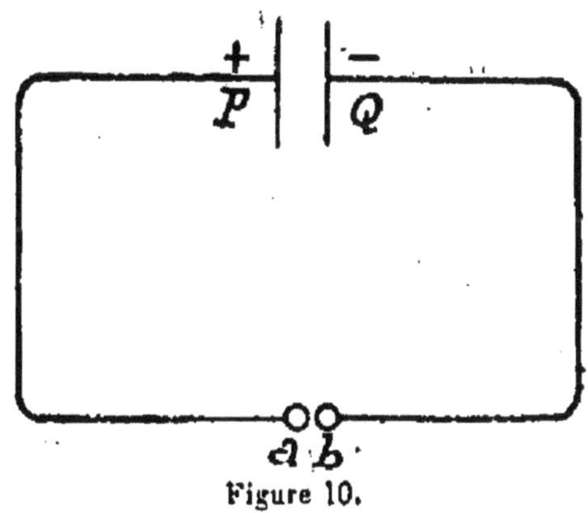

Figure 10.

Les alvéoles du conducteur P*a*, chargé positivement, sont dilatées et l'électricité qu'elles renferment est soumise dans ces alvéoles à une pression centripète de l'éther supérieure à la normale, en d'autres termes, elle a un potentiel positif. Les alvéoles du conducteur Q*b*, chargé négativement, sont contractées et l'électricité qu'elles contiennent s'y trouve soumise à une pression centrifuge inférieure à la normale, en d'autres termes, elle a un potentiel négatif.

Lorsque la différence des potentiels des deux conducteurs Pa, Qb sera, en valeur relative, suffisante pour vaincre la résistance opposée par l'éther au passage de l'électricité, une étincelle éclatera ; les alvéoles du conducteur Pa, sous l'influence de la pression de l'éther se contracteront pour reprendre leur volume normal et chasseront l'électricité qui forme la charge du conducteur ; cette électricité passera, sous la forme d'une étincelle, sur le conducteur Qb dont les alvéoles se dilateront pour la recevoir et reprendre leur volume normal.

Les alvéoles des points pondérables des deux conducteurs ont des volumes variables avec les pressions qu'elles supportent ; leurs contractions ou dilatations ne s'arrêteront pas aux points précis où ces alvéoles auront repris leurs volumes normaux, l'inertie de l'éther poussé par la pression du fluide agira sur l'alvéole à la façon d'un coup de bélier qui prolongera son mouvement de contraction ou de dilatation et la chargera négativement ou positivement.

Les deux plateaux du condensateur ayant, alors, échangé partiellement leurs charges primitives, une seconde étincelle éclatera de b vers a et chargera positivement le conducteur Pa, négativement le conducteur Qb.

La même succession de phénomènes se répètera à de courts intervalles, les charges des deux plateaux décroîtront, en valeur absolue, à chaque oscillation nouvelle et la décharge du condensateur ne tardera pas à être complète.

Remarque. — Si on adopte notre théorie, une des grandes difficultés de la théorie ordinaire se trouve écartée ; je veux parler des deux courants d'électricité positive et négative qui se rencontrent en parcourant le même trajet en sens contraires, sans que les électricités positive et négative qui les constituent opèrent leur combinaison. Cette difficulté se présente, non seulement dans le phénomène des oscillations électriques, mais encore, et à un plus haut degré, dans celui des courants dynamiques.

Notre théorie explique, également, pour quel motif les deux pôles d'un champ oscillant ne présentent pas les mêmes apparences au moment où l'étincelle éclate entre ces deux pôles. L'électricité sort de l'un des pôles, elle entre dans l'autre.

14. — *Vitesse de la Lumière*

La théorie des *Forces de la Nature* repose sur ce fait d'observation, dont nous nous sommes servis pour établir les propriétés de l'éther, que la transmission de la force de gravitation est instantanée ou plutôt qu'elle s'effectue avec une vitesse incomparablement plus grande que celle de la lumière.

Nous devons indiquer les raisons mécaniques qui rendent compte de ces différences de vitesse.

Ces raisons paraissent se résumer dans la double observation suivante :

1° La gravitation est le résultat d'un phénomène qui s'accomplit d'une façon continue, sans exciter les vibrations de l'éther.

A mesure qu'une molécule d'éther se désintègre, les molécules voisines dont la dureté est absolue viennent, sans jamais perdre le contact, prendre sa place, et toutes les molécules de l'éther participent, simultanément, à ce mouvement.

Dans ce phénomène l'élasticité de l'éther ne joue aucun rôle, son incompressibilité est seule en jeu.

2° La transmission de la lumière à travers l'éther est due aux vibrations de ce fluide.

L'atome lumineux est le centre d'un courant oscillant qui exécute, environ, cinq cent trillions de vibrations par seconde et les transmet à l'éther, ainsi que nous l'avons vu (13). L'amplitude d'une vibration de l'éther est l'épaisseur de la couche de ce fluide qui entre en mouvement pendant la durée d'une demi vibration du champ oscillant ;

cette amplitude est en raison inverse de l'inertie de l'éther et elle détermine la vitesse de propagation de la lumière.

15. — *Force électromotrice*

DÉFINITION. — La force électromotrice est celle qui provoque et maintient la circulation de l'électricité dans le fil conducteur d'un courant.

Ses causes sont multiples et très différentes suivant la nature des instruments (piles) qui la font apparaître.

C'est dans les courants d'induction que cette force revêt sa forme la plus simple ; l'éther exerce sur le fil conducteur une pression qui, agissant

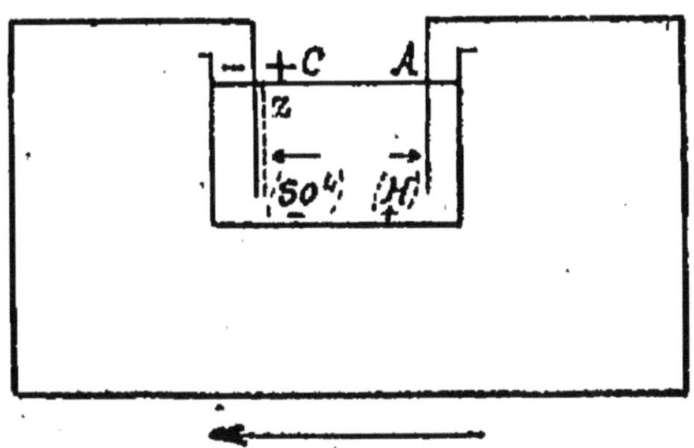

Figure 11.

d'une façon continue dans un même sens, fait circuler, dans ce sens, l'électricité contenue dans le fil ; puis, cette pression s'exerce sur le fil en sens contraire et donne lieu à un autre courant de sens opposé. Dans tous les cas, la force avec laquelle la pression de l'éther a agi sur le fil pour développer le courant est égale à la force que pourra donner ce courant pour produire, soit un effet mécanique, soit un travail équivalent de nature différente.

Dans la pile de Volta que nous allons étudier en premier lieu, nous constaterons que le courant est produit par un travail mécanique et qu'il renferme une somme d'énergie, pouvant se manifester sous des formes diverses, toujours équivalente au travail que le courant a incorporé.

Pile de Volta. — Sous l'influence de l'eau qui sert de dissolvant, un certain nombre d'atomes de l'électrolyte SO^4H se dissocient en radical SO^4 et métal H ; leurs éléments passent à l'état de ions et sont, uniformément, disséminés dans le liquide électrolytique.

Si, comme nous le supposons, le radical SO^4 a plus d'affinité pour le zinc que pour le cuivre, il se combine avec ce métal qui forme la cathode C, et nous pouvons négliger son action sur le cuivre qui forme l'anode A. Considérons la couche infiniment mince Z de l'électrolyte qui est en contact avec la cathode ; cette couche contenait, d'abord, autant de ions négatifs SO^4 que de ions positifs H.

Les ions SO^4 de la couche Z se sont combinés

avec la cathode zinc ; en effectuant cette combinaison ils ont perdu leurs qualités de ions, c'est-à-dire leurs charges négatives qu'ils ont abandonnées à la cathode.

A ce moment, il se crée dans l'électrolyte un champ intense entre la couche Z qui, renfermant un excédent de ions positifs, est chargée positivement et l'anode qui est, par le fil conjonctif, en communication avec la cathode chargée négativement.

Ce champ attire vers la couche Z, c'est-à-dire vers la cathode, les ions SO^4 et repousse vers l'anode les ions H. Les premiers déposent leurs charges négatives sur la cathode, les seconds leurs charges positives sur l'anode. Il se forme ainsi un courant marchant dans le fil de l'anode vers la cathode.

La force électromotrice de la pile est la force de compression produite par les alvéoles des ions positifs lorsqu'elles abandonnent leurs charges à l'anode, augmentée de la force d'aspiration des ions négatifs dont les alvéoles reprennent leur état normal en absorbant, à la cathode, l'électricité qui leur manque.

En résumé, les ions positifs remplissent, à l'anode, le rôle de pompes foulantes qui y amènent de l'électricité sous pression, et les ions négatifs remplissent le rôle de pompes aspirantes qui enlèvent à la cathode l'électricité introduite dans le fil conjonctif par l'anode.

LE FIL CONJONCTIF CONTIENT TOUJOURS LE MÊME VOLUME D'ÉLECTRICITÉ. — En effet, les ions positifs qui portent leurs charges positives à l'anode et les ions négatifs qui perdent leurs charges négatives à la cathode sont en nombre égal et ces charges, positives et négatives, ont même valeur absolue.

Le fil conducteur du courant renferme donc un volume d'électricité invariable.

LOI DE OHM. — Lorsque la pile a atteint sa période de fonctionnement régulier les points pondérables du fil sont chargés, positivement à l'anode, négativement à la cathode. Ces charges vont en décroissant, régulièrement, dans le fil conjonctif, de l'anode à la cathode si ce fil est homogène et a un diamètre constant ; les tensions électriques des points du fil conjonctif sont les forces électromotrices de ces points.

La loi de décroissance des charges des points du fil entre les deux pôles de la pile constitue la loi de Ohm.

16. — Électrolyse

DESCRIPTION DU PHÉNOMÈNE. — Dans la pile de Volta le courant est produit par la décomposition d'un électrolyte. Réciproquement, si un courant traverse un électrolyte cet électrolyte est décomposé. Soient : A et C l'anode et la cathode de la pile génératrice d'un courant ; A′ et C′ l'anode et la cathode, toutes deux en platine, de l'auge à électrolyse ; (RM), (R′M′) (¹) les deux électrolytes, monovalents, contenus dans la pile et dans l'auge : R, R′ sont les radicaux, M,M′ sont les métaux de ces deux électrolytes.

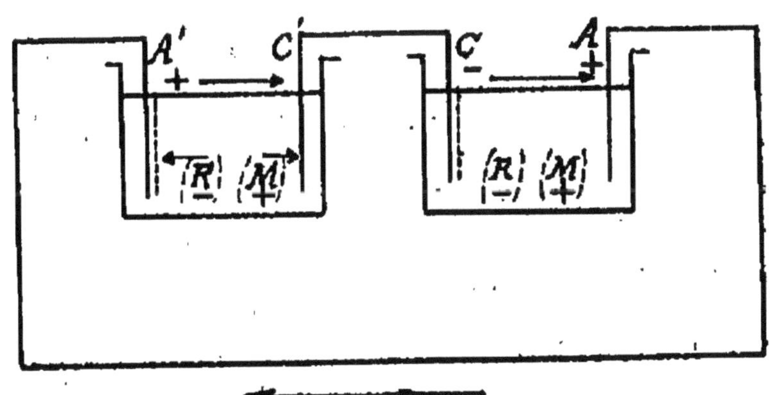

Figure 12.

Sous l'influence des liquides dissolvants, les électrolytes se dissocient en ions négatifs R, R′ et en ions positifs M,M′ ; l'expérience démontre que ces ions portent tous, des charges égales en valeur absolue. Dans la pile, les ions positifs se portent, comme nous le savons, à l'anode, les ions négatifs à la cathode ; et ces électrodes com-

---

(¹) Accentuez R, M dans la partie de la figure qui est à gauche et supprimez dans cette même partie le trait vertical pointillé.

muniquent leurs charges, positive et négative, à l'anode A′ et à la cathode C′ de l'auge dans laquelle ils déterminent un champ électrique qui dirige les ions positifs M′ vers la cathode C′ et les ions négatifs R′ vers l'anode A′ de l'auge. Ces ions y déposent leurs charges respectives et ces charges détruisent les charges de noms contraires qui s'y trouvent.

De là découle la conséquence : « si un équivalent est décomposé dans la pile pour former le courant un équivalent est aussi décomposé dans l'auge pour lui permettre de la traverser ».

Remarque. — La théorie que nous venons d'exposer est due au professeur Svante Arrhénius, elle s'adapte à nos hypothèses d'une façon très naturelle.

CHAPITRE IV

—

CHAMP ÉLECTROMAGNÉTIQUE

17. — *Force Électromagnétique d'un courant*

Après avoir indiqué le mécanisme d'un courant, montrons comment l'éther peut être l'agent de transmission des forces qu'il développe.

Théorème. — *Lorsqu'un courant parcourt un circuit fermé, un courant d'éther circule, extérieurement le long du circuit, dans le même sens que le courant intérieur.* Soient : AmnB un circuit conducteur fermé par la pile P ; E un point de l'éther sur lequel agit le courant ; mn la portion du circuit dont l'action est sensible au point E. Cet arc sera petit car les charges des points du courant sont faibles, et il pourra être assimilé à une ligne droite ayant ses extrémités sensiblement équidistantes du point E.

L'élément mn exerce sur le point E une action qui se réduit à deux composantes, l'une Y, perpendiculaire sur le milieu de l'arc *mn*, l'autre X, parallèle à la direction *mn*. La composante Y est détruite par la résistance de l'éther dont elle modifie la tension, l'autre X, a, dans tous les cas possibles, le sens du courant qui parcourt *mn*, parce que les charges des points de cet élément varient toujours, en valeur relative, dans un même sens qui est le sens du courant ; de plus, elle est sensiblement constante pour tous les points qui

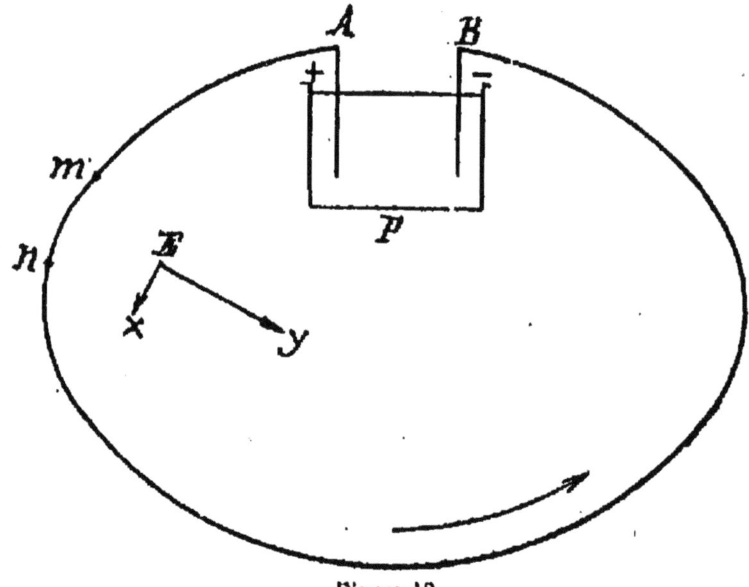

Figure 13.

sont à une même distance du circuit conducteur, si ce circuit est un fil homogène de diamètre constant. La composante X imprime donc, à l'éther, le long d'un contour fermé parallèle au conducteur, une poussée constante dans le sens du courant.

Cette poussée ayant lieu en tous les points d'un

contour fermé, tangentiellement à ce contour, et toujours dans le même sens, tend à faire circuler l'éther sur le contour.

Nous allons donner une seconde démonstration de la proposition précédente ; et sous cette nouvelle forme on verra, mieux encore s'il est possible, que le courant électrique et le courant d'éther qui l'accompagne ne font, qu'un seul et même courant.

AUTRE DÉMONSTRATION. — Supposons qu'un fil conducteur relie les deux pôles A et B d'une pile ; cette pile amène de l'électricité au pôle positif A et elle en soustrait une égale quantité au pôle négatif B, produisant, ainsi, en A un accroissement du potentiel, c'est-à-dire de la pression de l'électricité et de l'éther, en B une diminution du potentiel ou de la pression de l'électricité et de l'éther. La différence des potentiels de l'électricité en deux points A, B d'un même conducteur donne naissance au courant électrique qui parcourt AB dans le sens des potentiels décroissants.

Les pressions qui s'exercent dans l'éther aux deux points A, B se transmettent dans le voisinage suivant (10) la loi connue, c'est-à-dire avec des intensités qui varient en raison inverse de la distance à ces points. Les différences de potentiel qui existent dans l'éther autour des points A et B donnent également naissance à des courants d'éther circulant autour du fil conducteur AB dans le sens des potentiels décroissants. Le courant électrique qui circule dans le fil a une intensité constante, égale au quotient de la différence des potentiels en A et en B par la résistance du conducteur.

Les courants d'éther qui circulent autour du fil AB ont la forme de filets parallèles à AB, leurs potentiels dans le voisinage des points A et B ont des valeurs absolues égales et des signes contraires et chacun d'eux circule dans l'éther avec une intensité égale au quotient de la différence des potentiels à ses extrémités par la résistance que l'éther oppose à son mouvement.

Cette intensité, constante pour chaque filet, est la force électromagnétique de ce filet; elle varie en raison inverse de la distance du filet au fil puisque nous savons que les potentiels de chaque filet dans le voisinage des points A,B sont eux-mêmes, dans ce rapport.

Lord Kelvin a prévu qu'un courant électrique est doublé d'un courant d'éther. — Le mouvement de l'éther autour du fil conducteur d'un courant est, comme nous venons de le démontrer, une conséquence de nos hypothèses ; ce mouvement a été entrevu par Lord Kelvin comme la cause nécessaire des rotations électromagnétiques :

Voici en quels termes s'exprime ce savant.

« Imaginons qu'un courant continu parcourt
« une hélice ordinaire ou un solénoïde muni d'un
« noyau de cuivre solide. Quelle que soit la nature
« du courant électrique, je crois qu'il produit
« *réellement* l'effet suivant ; il pousse l'éther en
« rond à l'intérieur du solénoïde ; je ne crois pas
« que ce soit une illusion des théories électroma-
« gnétiques ; quelque difficile qu'elle soit à con-
« cevoir, je crois que cette idée est exacte. D'une
« manière ou d'une autre, le courant électrique à
« travers le fil communique un mouvement tour-
« nant à l'éther dans notre noyau solide et dans
« l'air intermédiaire ».

CHAMP CRÉÉ PAR UN COURANT. — Lorsqu'un courant parcourt un circuit conducteur, ce courant
crée une force, que nous appelons *force électromagnétique*, qui pousse l'éther le long du circuit dans
le sens des potentiels décroissants.

La force électromagnétique a une intensité constante sur chacune des lignes parallèles au circuit.
Dans le cas d'un courant rectiligne dont l'intensité
est i, la valeur du champ à la distance a du fil qui
conduit le courant est $\frac{2i}{a}$; c'est cette valeur du
champ qui constitue la force électromagnétique.

Nous devons, ici, remarquer que dans la théorie
ordinaire la valeur du champ relatif à un courant
rectiligne a pour intensité $\frac{2i}{a}$ comme dans notre

théorie, mais, tandis que dans notre théorie la force du champ est parallèle à la direction du courant et a même sens, dans la théorie ordinaire cette force s'exerce dans une direction perpendiculaire au plan qui passe par le courant et par le point où on veut constater son existence, cette apparente contradiction sera expliquée plus loin (20). Disons, ici, qu'elle est due à la manière dont on évalue la force à l'aide d'un pôle d'aimant

Lorsqu'un courant circule dans un fil conducteur, tout point de l'espace est traversé par une force électromagnétique déterminée en grandeur, direction et sens; si plusieurs courants agissent dans un même espace, les champs électromagnétiques engendrés par ces courants se composent en un seul et ce champ résultant oriente, perpendiculairement à sa direction, un aimant ou un solénoïde infiniment petit placé en un de ses points (19).

18 — *Un aimant crée un champ électromagnétique*

Nous allons montrer qu'un aimant crée, autour de lui, un champ électromagnétique identique à celui que crée un courant. De là il résultera qu'un champ électromagnétique peut être constitué par un ensemble de courants et d'aimants.

AIMANTS. — Ampère a assimilé un aimant à un solénoïde ; nous voulons montrer que dans notre théorie cette assimilation est parfaitement justi-fiée. Ampère admet que dans un corps magnétique chaque atome pondérable constitue un petit aimant permanent. Si ces petits aimants sont orientés dans des directions quelconques, leur action extérieure est nulle ; s'ils sont orientés dans une même direction, leur action extérieure devient sensible.

Donnons à l'atome pondérable d'un corps ma-gnétique une forme légèrement aplatie, celle d'une lentille, par exemple, et supposons l'éther en rota-tion autour de l'axe principal de l'atome. Les mo-lécules d'éther qui composent l'alvéole de cet atome se subdivisent, nous le savons (2), en par-ticules qui s'anéantissent dans les espaces inter-moléculaires de l'éther et elles cèdent, à ce moment, au tourbillon qui les enveloppe, l'énergie qu'elles doivent à la pression normale de l'éther. Cette énergie crée, ainsi, une force permanente dont l'atome est le centre et elle maintient la continuité du tourbillon.

Si les axes principaux de tous les atomes d'un corps magnétique sont orientés dans une même direction et entourés par des courants de même sens, ce corps constitue un aimant permanent comme nous allons le voir ; si ces axes sont susceptibles, ainsi que leurs courants, d'être orientés par une force extérieure, le corps sous l'influence de cette force, deviendra un aimant temporaire.

Remarquons, maintenant, qu'un tourbillon d'éther en rotation autour de l'axe d'un atome équivaut à un courant électrique, de même sens et

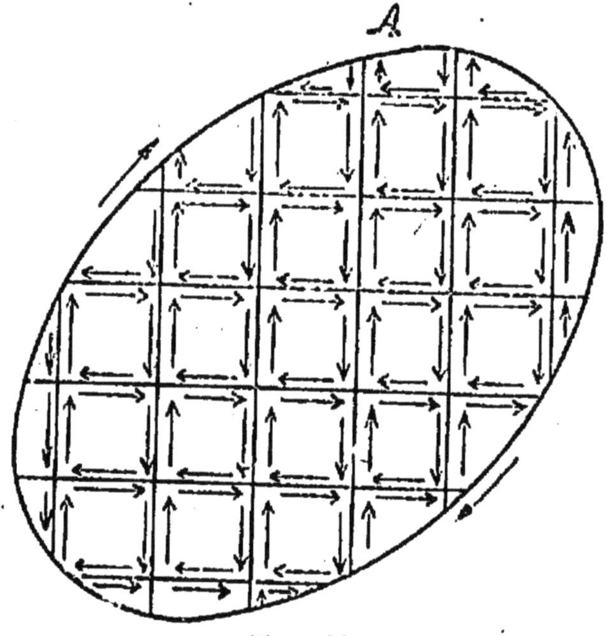

Figure 14.

de même axe, puisque nous savons que ce courant aurait pour effet (17) de créer le tourbillon.

Appliquons aux considérations qui précèdent un théorème démontré par Coulomb.

Soit A un courant plan et fermé dont le fil conducteur homogène a une épaisseur ε et est compris entre deux plans parallèles déterminant une tranche d'égale épaisseur, limitée au contour A ;

menons dans cette tranche deux séries de droites la partageant en carrés égaux très petits remplacés sur le bord par des triangles, des quadrilatères ou des pentagones dont l'un des côtés est emprunté au contour A; remplaçons ces droites par des fils conducteurs; supposons ces fils dédoublés en fils identiques à celui du circuit A et faisons parcourir ces fils dédoublés par des courants de sens opposés ayant l'intensité du courant A; les courants introduits se neutralisent, mais on doit remarquer qu'ils déterminent, avec les diverses parties du circuit A, une série de courants élémentaires qui parcourent, sur leurs contours et dans un même sens de rotation, toutes les petites tranches dans lesquelles la tranche A est divisée.

De là nous pouvons tirer une double conclusion:

1° Si nous supposons les tranches carrées assez petites pour ne contenir qu'un seul atome pondérable situé au centre de chacune d'elles, nous aurons un ensemble de courants atomiques de même sens, de même intensité, uniformément distribués dans la tranche; ces courants peuvent, d'après ce qui vient d'être dit, être remplacés par le courant unique A qui circule sur le contour de la tranche avec une intensité égale à celle de chacun des courants atomiques.

En divisant un aimant en tranches d'épaisseur

égale, mais très petites, toutes perpendiculaires à sa ligne des pôles, on pourra remplacer chaque tranche, si on ne considère que son action magnétique, par un courant qui circule sur son contour et l'ensemble de ces courants constitue ainsi un solénoïde qui peut être substitué à l'aimant.

2° Le théorème de Coulomb nous montre aussi que, dans l'aire limitée par le circuit conducteur d'un courant, l'éther est mis en rotation autour de chacun des points de cette aire, dans un même sens et avec une même intensité, si les points sont uniformément distribués sur l'aire ; c'est cet état de rotation de l'éther autour des atomes d'un aimant ou autour de ceux qui appartiennent à l'aire embrassée par un courant qui constitue ce que Coulomb appelle *magnétisme*.

La distinction qu'il fait entre le magnétisme *nord* et le magnétisme *sud* n'a d'autre raison d'être que de distinguer les deux faces d'une portion de plan dont le contour est parcouru par un courant. Si on se place sur la face dite *sud* de cette portion de plan, on voit les courants élémentaires tourner à droite ; si on se place sur l'autre face dite *nord* on les voit tourner à gauche ; en réalité, des deux côtés du plan, le sens de rotation est le même. La distinction des deux faces d'un plan est, néanmoins, nécessaire, comme nous le verrons quand nous chercherons à déterminer les actions mu-

tuelles des courants, des solénoïdes ou des aimants.

19. — *Attractions et répulsions électrodynamiques*

Les éléments qui engendrent un champ électromagnétique réagissent les uns sur les autres par
l'intermédiaire de l'éther et peuvent ainsi déterminer des mouvements dans celles de leurs parties qui sont mobiles. L'observation a démontré :
1º Que deux courants rectilignes mobiles placés
dans le voisinage l'un de l'autre, tendent à prendre
des directions parallèles et de même sens ; 2º Que
deux courants rectilignes parallèles mobiles s'attirent ou se repoussent suivant qu'ils ont même
sens ou des sens contraires.

Nous nous proposons de donner une interprétation mécanique de ces divers mouvements, tous,
dus à une cause unique, *la pression exercée par
l'éther sur le fil qui conduit un courant.*

THÉORÈME. — *L'angle des deux courants qui circulent dans des fils conducteurs rectilignes et mobiles tend à se fermer si les deux courants sont, l'un
et l'autre, dirigés vers le sommet de l'angle ou vers
son ouverture ; il tend à s'ouvrir si les deux courants sont dirigés, l'un vers le sommet de l'angle,
l'autre vers son ouverture.*

DÉMONSTRATION. — Soient : AB, CD deux courants rectilignes, mobiles, dont les sens sont indiqués par des flèches. Chacun de ces courants exerce sur une molécule m de l'éther une force (16) parallèle à sa direction et de même sens ; cette molécule tend donc à se mouvoir suivant la résultante f des forces qui agissent en m ; et, réciproquement, les

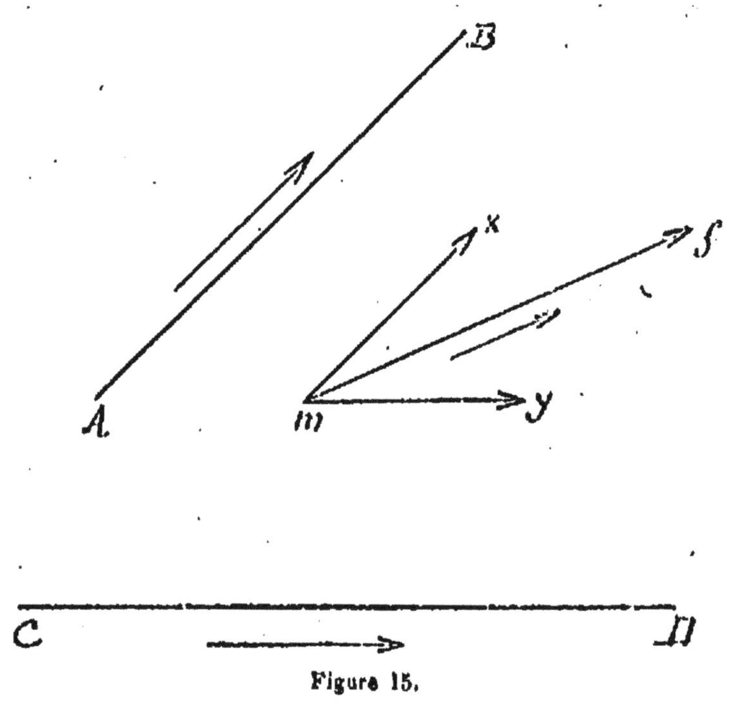

Figure 15.

fils conducteurs des courants sont sollicités à se placer dans des directions parallèles à f et de même sens. L'angle formé en un point quelconque m de l'éther par les parallèles mx, my aux directions des deux courants se fermera donc et se réduira à zéro quand les conducteurs seront venus

5*

se placer dans des directions parallèles à la direction limite de la résultante f.

La démonstration de la seconde partie du théorème se fait de même.

Remarque. — La démonstration précédente n'indique pas pour quelles raisons deux courants parallèles s'attirent ou se repoussent. Nous allons combler cette lacune. Lorsque deux courants d'intensités connues parcourent deux fils conducteurs parallèles AB, A'B' les forces électromagnétiques f, f', que ces courants déterminent sur une même droite MN parallèle à leur direction modifient sur cette parallèle les pressions de l'éther.

Si les deux courants ont des sens opposés les forces f, f' sont directement opposées et elles exercent sur chacune des molécules d'éther de la file MN une pression $f + f'$. Si les deux courants ont

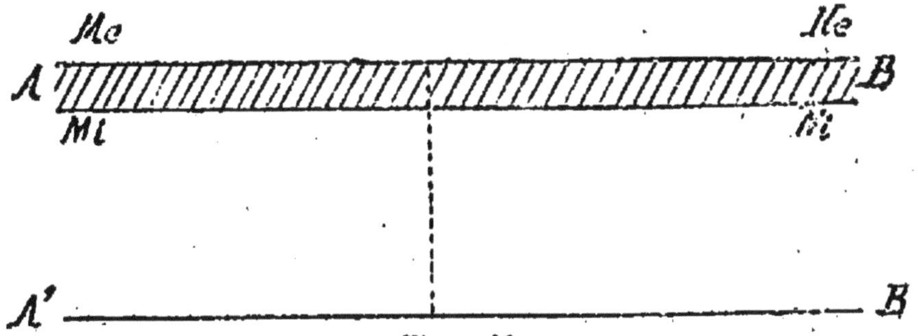

Figure 16.

même sens les forces f, f' agissent par leur différence sur les molécules de la file MN, ce qui produit sur cette droite un accroissement de pression égal à la valeur absolue de $f - f'$. Ces variations de pression constituent le potentiel électromagnétique des points de la droite MN. Plus généralement, nous admettons que si deux courants rectilignes dont l'angle des directions est θ exercent sur un point M de l'éther des forces électromagnétiques f, f' ces deux courants produisent par leur rencontre en M une pression électromagnétique r, dont la valeur au point M, est :

$$r = \sqrt{f^2 + f'^2 - 2ff' \cos \theta},$$

cette formule dans les cas de deux courants parallèles, de sens opposés ($\theta = 180°$); ou de même sens ($\theta = o$), devient :

$$r = f + f' \qquad \text{ou} \qquad r = f - f'$$

résultats obtenus directement.

THÉORÈME. — *Deux courants parallèles de même sens s'attirent, deux courants parallèles de sens opposés se repoussent.*

Soient AB, A'B', les fils conducteurs de ces courants, f, f', les forces électromagnétiques qui leur correspondent sur une même parallèle MN aux deux fils ; faisons dans les fils AB, A'B', une section passant par leurs axes et représentons cette section par l'axe du fil A'B' et par les deux génératrices M_eN_e, M_iN_i, suivant lesquelles elle coupe le fil AB.

La première de ces génératrices est extérieure aux fils, la seconde est entre les fils.

Cela posé, appelons f_0 la force électromagnétique, due au courant AB, sur la droite MN lorsque cette droite coïncide avec une génératrice du fil AB, (M_eN_e, M_iN_i) et f'_e, f'_i les forces électromagnétiques, par rapport au courant A'B', sur ces mêmes génératrices M_eN_e, M_iN_i; f'_e sera moindre que f'_i. De là il suit que, lorsque les deux fils sont traversés par des courants de même sens, le potentiel électromagnétique $f_0 - f'_i$ des points de la génératrice M_iN_i est moindre que le potentiel $f_0 - f'_e$ des points de la génératrice M_eN_e.

La partie extérieure de la surface du fil AB subit, donc, des pressions plus fortes que la portion de ce fil qui est en face du fil A'B'.

Le fil AB est, donc, poussé par la pression de l'éther vers le fil A'B'; on démontrerait de même, que le fil A'B' est poussé vers AB.

La première partie du théorème est, ainsi, démontrée; la seconde se démontrera d'une façon analogue.

Il est bon de faire voir que, dans le cas de deux courants rectilignes non parallèles la pression électromagnétique de l'éther agit dans le même sens que les forces, c'est-à-dire, pour fermer l'angle θ de leurs directions. On arrive à ce résultat en suivant la marche employée dans le cas de deux fils parallèles et en calculant les pressions électromagnétiques sur deux points correspondants d'un même fil à l'aide de la formule :

$$r = \sqrt{f^2 + f'^2 - 2ff' \cos \theta}.$$

Pour résumer ce qui précède nous énoncerons les propositions suivantes.

Théorème. — *Deux courants rectilignes, angulaires mobiles, tendent à fermer l'angle formé par leurs directions.*

Théorème. — *Deux courants rectilignes parallèles s'attirent ou se repoussent suivant qu'ils ont même sens ou des sens opposés.*

De ce dernier théorème nous pouvons conclure :

Corollaire. — *Deux courants circulaires, situés dans des plans parallèles, s'attirent ou se repoussent suivant qu'ils ont même sens ou des sens opposés.*

A propos de ce corollaire nous ferons quelques remarques. Rappelons, d'abord, qu'on donne aux deux faces d'un courant circulaire les noms : *nord*, *sud*, suivant qu'elles sont situées à la gauche ou à la droite de l'observateur d'Ampère. Si deux courants circulaires sont mis en présence par des faces de même nom ces courants tournent en sens contraires et ils impriment à l'éther, situé dans la région intermédiaire, des rotations de sens opposés : d'où résulte leur répulsion. Si deux courants sont mis en présence par des faces de noms contraires, ces courants ont même sens et ils impriment à l'éther des rotations de même sens, d'où résulte leur attraction. — Si deux courants circulaires sont placés à côté l'un de l'autre, dans un même plan, ils s'attirent ou se repoussent suivant que leurs faces de même nom sont de part et d'autre ou d'un même côté du plan. En effet, suivant qu'on se trouve dans l'un ou l'autre de ces cas, les courants, dans leurs parties voisines, sont parallèles et de même sens ou parallèles et de sens contraires.

THÉORÈME. — *Deux solénoïdes s'attirent ou se repoussent suivant qu'ils sont mis en présence par leurs pôles de noms contraires ou par leurs pôles de même nom.*

Soient AB, A'B' deux solénoïdes dont les pôles nord sont A et A' et dont les pôles sud sont B et B'. Si ces solénoïdes sont en présence par des pôles

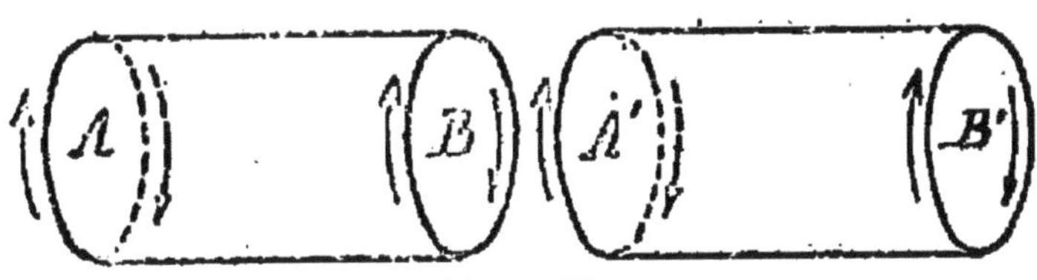

Figure 17.

de noms contraires A', B, les courants qui les parcourent ont même sens ; par conséquent, ils s'attirent et les solénoïdes, s'attirent aussi ; si les deux solénoïdes étaient en présence par des pôles de mêmes nom, les courants qui les parcourent auraient des sens opposés dans les deux solénoïdes et ces solénoïdes se repousseraient.

Remarque I. — Si deux solénoïdes sont placés à côté l'un de l'autre, ils agissent l'un sur l'autre, comme le feraient des courants circulaires.

Remarque II. — Dans un solénoïde ou dans un aimant, l'éther est mis en rotation autour de son axe ou de sa ligne des pôles dans un sens qui est le même pour tous les tourbillons ; ces tourbillons déterminent dans le solénoïde ou dans l'aimant un champ uniforme dont la direction est parallèle à l'axe. A partir des surfaces terminales ou pôles, nord et sud, ces tourbillons s'épanouissent symétriquement par rapport au plan perpendiculaire à l'axe du solénoïde en son milieu.

Si on présente, l'un à l'autre, deux solénoïdes ou deux aimants par des pôles de même nom, ils se repoussent parce qu'ils mettent l'éther en rotation dans des sens inverses. — Si on les présente, l'un à l'autre, par des pôles de noms contraires, ils s'attirent parce qu'ils mettent l'éther en rotation dans le même sens.

Ainsi présentée, on voit que l'attraction ou la répulsion de deux aimants ou de deux solénoïdes ne provient pas d'actions localisées dans les pôles ; il semble donc qu'un examen attentif, corroboré par des expériences, permettra de vérifier s'il est vrai que l'action mutuelle de deux aimants soit la résultante de quatre forces, deux forces attractives, émanant des pôles de noms contraires et deux forces répulsives émanant des pôles de même nom.

THÉORÈME. — *Si un courant rectiligne agit sur un solénoïde, mobile autour de son centre de gravité, ce solénoïde se place en croix avec le courant, de telle sorte que son pôle nord soit à la gauche du courant rectiligne.*

Nous avons, ici, à considérer un cas particulier de l'action de deux solénoïdes.

Lorsque l'équilibre sera établi, le courant qui circule dans les spires du solénoïde et celui qui

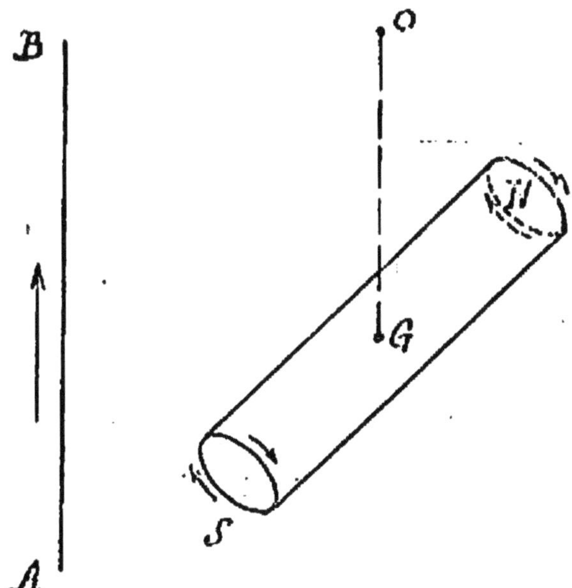

Figure 18.

circule dans le fil du courant rectiligne seront, dans leurs parties voisines, parallèles et de même sens. Pour qu'il en soit ainsi, l'axe du solénoïde devra se placer dans une direction orthogonale à celle du courant fixe et le pôle nord du solénoïde devra être à la gauche du courant.

20. — *Solution de quelques difficultés*

DIRECTION DE LA FORCE ÉLECTROMAGNÉTIQUE. — Dans la théorie ordinaire la force électromagnétique engendrée par un courant rectiligne d'intensité i, en un point donné A, est perpendiculaire au plan conduit par ce point et par le fil conducteur du courant, dirigée vers sa gauche, et a pour intensité $\frac{2i}{a}$; a désignant la distance du point A au courant; cette force est constante pour tous les points d'une circonférence dont le plan est perpendiculaire au fil; elle s'exerce tangentiellement à la circonférence.

Dans notre théorie la force électromagnétique est parallèle au fil conducteur, son intensité a, encore, pour valeur $\frac{2i}{a}$ et elle est constante en tous les points de la parallèle.

Ces deux interprétations d'un même phénomène, en apparence contradictoires, sont, comme nous allons le montrer, parfaitement concordantes.

Un pôle magnétique nord considéré isolément

est une abstraction dénuée de sens ; quelle que soit sa nature, un courant magnétique agit non sur un pôle nord ou sud mais sur le solénoïde entier. Voyons comment les choses doivent se passer si on admet les résultats que nous avons obtenus. Le courant rectiligne qui passe dans le fil met l'éther en mouvement et l'entraîne dans une direction parallèle à la sienne, de même sens, déterminant, ainsi, une force électromagnétique dont l'intensité, sur chacun des filets parallèles au fil conducteur, est $\frac{2i}{a}$.

Le courant qui passe dans le fil du solénoïde met, également, l'éther en rotation, autour de l'axe, dans le sens du courant intérieur, avec une intensité qui décroît avec la distance à la spire qui lui a donné naissance.

. Ces deux courants d'éther déterminés dans l'espace sont sollicités à se placer dans des directions parallèles et de même sens ; ceci n'étant pas possible, il faut que dans celle de leurs positions où leur action est la plus intense les filets parallèles au fil rectiligne soient tangents aux spires du solénoïde et que la direction du courant au point de contact ait le sens du courant rectiligne.

S'il en est ainsi, l'axe du solénoïde sera dans un plan perpendiculaire au courant rectiligne et le pôle nord sera à la gauche du courant, c'est ce que nous voulions démontrer.

Nous n'avons pas besoin de faire remarquer combien est naturel le mode d'action, ainsi compris, d'un courant rectiligne sur un solénoïde et combien était étrange et en dehors de toutes les idées qu'on se faisait de l'action des forces, la direction qu'un courant rectiligne paraissait imprimer au pôle fictif d'un aimant.

Un autre phénomène paraît, encore, de nature à faire supposer que les lignes de force d'un courant rectiligne sont des circonférences tracées dans un plan perpendiculaire au courant, ayant pour centre le pied de ce courant. Ce phénomène est connu sous le nom de fantôme magnétique.

Quand on éparpille sur une feuille de papier dont le plan est perpendiculaire à la direction du courant des grains de limaille de fer, ces grains sont traversés par les courants électromagnétiques d'éther qui entourent le courant rectiligne ; ils deviennent, ainsi, de petits aimants temporaires ayant, chacun, un pôle positif et un pôle négatif, ces petits aimants se mettent en croix avec le courant, leur pôle nord à gauche ; ils se juxtaposent par leurs pôles de noms différents et forment des cercles concentriques dont le centre est la trace du fil conducteur sur le plan de la feuille de papier. Les circonférences s'espacent de plus en plus, à mesure que leur rayon grandit, parce que l'intensité d'aimantation des grains diminue avec l'accroissement de leur distance au courant.

Le phénomène du fantôme magnétique reçoit dans notre théorie une explication toute naturelle qui n'est guère de nature à justifier son nom.

21. — Induction. Loi de Lenz.

Toutes les fois qu'un circuit conducteur fermé A se trouve soumis à l'influence d'un champ magnétique variable B, ce circuit conducteur A est parcouru par un courant ; la durée du courant est celle de la variation d'intensité du champ B qui l'influence.

Le champ magnétique B est le *champ inducteur*; le circuit A est le *circuit induit* et le courant qui traverse A est le *courant induit*.

La variation d'intensité du champ inducteur B par rapport au circuit induit A se produit :

1° Lorsque l'intensité d'une ou plusieurs des forces magnétiques qui produisent le champ éprouve un changement ;

2° Lorsque les positions relatives du champ et du circuit varient, les autres circonstances restant les mêmes ;

3° Lorsque l'électrisation du champ inducteur commence et lorsqu'elle finit.

Dans tous les cas la production du courant induit est liée à la variation des forces du champ inducteur.

Les forces qui agissent dans un champ inducteur sont des forces électromagnétiques qui ont en chaque point du fil induit une intensité et un sens déterminés. Si aux divers points du fil induit les forces électromagnétiques restent constantes, ce fil induit prend un état électrique en rapport avec les forces qui agissent sur lui, et cet état électrique constitue un état d'équilibre qui persiste aussi longtemps que les forces électromagnétiques ne varient pas.

Si les forces électromagnétiques varient, l'état électrique du fil induit varie aussi et, alors, l'électricité de ce fil induit est poussée dans un sens déterminé ce qui constitue un courant induit ; en même temps qu'un courant induit circule dans le fil, ce courant agit sur l'éther qui enveloppe le fil et le pousse dans le sens du courant.

Le champ inducteur redevient-il constant par rapport au circuit induit, le courant induit cesse de circuler ainsi que le courant d'éther qui l'entoure et marche dans le même sens.

Donnons sur un exemple simple le mécanisme des courants induits. Nous prendrons pour champ inducteur celui qui est produit par un courant d'intensité constante B.

Soit A le fil conducteur fermé qui est pris pour

circuit induit. Supposons les deux circuits A et B plans, égaux et superposables par une translation perpendiculaire, à la fois, à leurs deux plans que nous supposons parallèles.

Le courant constant B agit par influence sur le fil A et il imprime à ce fil un état électrique de sens contraire à celui qu'il possède. Cela posé, imprimons au fil A :

1° Un mouvement de translation figuré par les flèches (1) ; ce mouvement rapprochant le circuit A du circuit B ; les charges électriques de tous les points du circuit A augmentent, en valeur ab-

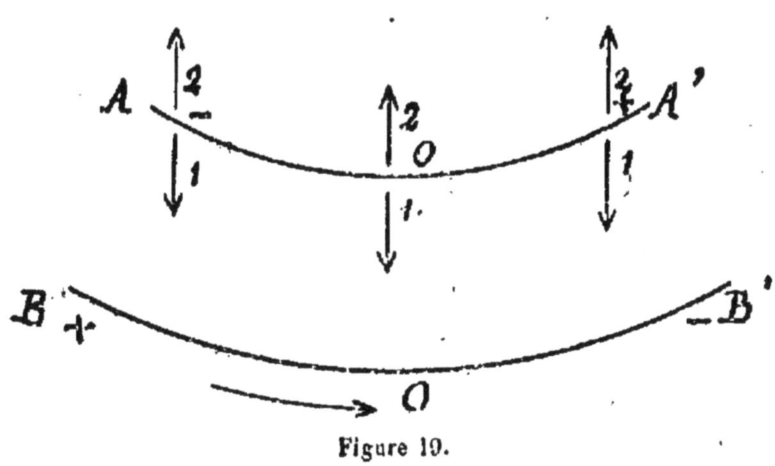

Figure 19.

solue ; le potentiel croît en A', il décroît en A et un courant traverse le fil induit en allant de A' vers A, c'est-à-dire en sens inverse du courant inducteur ;

2° Un mouvement de translation figuré par les flèches (2) ; ce second mouvement éloignant le circuit A du circuit B, les charges électriques de tous les points du circuit A décroissent, en valeur absolue, le potentiel augmente en A, il diminue en A′ et un courant traverse le fil induit allant de A vers A′, c'est-à-dire dans le sens du courant inducteur.

Dès que le mouvement de rapprochement des fils induit et inducteur commence, le courant s'établit dans le premier fil et ce courant détermine, autour du fil AA′, la production d'un courant d'éther allant, aussi, de A′ vers A. Ce dernier courant est de sens contraire à celui qui circule autour de BB′, il produit, donc, la répulsion des deux circuits AA′, BB′.

Ainsi, en rapprochant les deux circuits on détermine dans l'induit un courant de sens contraire à celui du courant inducteur et, par suite, la répulsion des deux courants, répulsion qui agit en sens contraire de la cause qui détermine la production du courant.

De même, en éloignant, l'un de l'autre, les circuits induit et inducteur, on détermine dans l'induit un courant qui a le sens du courant inducteur. Les courants d'éther qui enveloppent les circuits induit et inducteur produisent, alors, l'attraction des deux circuits et agissent encore pour s'opposer à la production du courant induit.

En réunissant les deux observations que l'on

vient de lire nous pouvons énoncer la loi connue sous le nom de *loi de Lenz*, du nom du physicien russe qui l'a, le premier, indiquée :

Le courant induit qui est produit par le mouvement relatif d'un circuit fermé, par rapport à des inducteurs dont l'intensité reste constante, donne naissance à des forces électromagnétiques qui tendent, toujours, à s'opposer à ce mouvement.

Cette résistance qu'opposent les forces électromagnétiques au déplacement relatif du circuit induit a été comparée à une sorte d'inertie électromagnétique temporaire et cette manière d'envisager le phénomène concorde absolument avec l'explication que nous avons donnée de l'inertie d'un corps, inertie que nous avons attribuée à la résistance croissante opposée par l'éther à un atome ou à une série d'atomes lorsqu'ils pénètrent dans une région où cette pression de l'éther va en croissant.

Pour déterminer d'une façon générale les lois du phénomène produit par le déplacement d'un circuit conducteur dans un champ électromagnétique, on cherche la force électromotrice qui agit sur chacun des éléments du circuit et on fait la somme.

Cette force électromotrice est due à la différence des forces du champ qui s'exercent sur l'élément du fil induit dans deux positions successives divisée par le temps employé par l'élément pour passer de l'une à l'autre de ces positions.

Si on désigne, par P l'intensité du champ électromagnétique au point où se trouve l'élément dl du circuit, par ω l'angle que forme la direction du champ avec celle du circuit, la force électromotrice f qui agit sur l'élément dl a pour valeur :

$$df = - \frac{dP}{dl} \cos \omega dl.$$

22. — *Rotations électro-dynamiques*

Les courants d'éther qui sont le véhicule des forces électromagnétiques, permettent de rendre compte des mouvements de rotation de tous les systèmes formés à la fois de conducteurs mobiles et de conducteurs fixes ou aimants quand ces conducteurs sont traversés par des courants électriques. Nous prendrons pour exemples la roue de Barlow et la machine de Gramme.

Roue de Barlow. — Cet appareil se compose d'une roue métallique R, mobile autour d'un axe horizontal O. Cette roue est armée de dents qui, dans le voisinage du rayon vertical inférieur, pénètrent dans le mercure d'une cuve C, en forme de rigole, située dans le plan de la roue ; un courant pénètre dans la roue par son axe, en sort par la dent immergée dans le mercure. Cette roue, quand on la place entre les deux pôles d'un électro-aimant, se met à tourner et le sens de sa rotation est opposé à celui des courants qui circulent dans les spires terminales des faces polaires de l'électro. Admettons que la roue soit dans le plan de la feuille de papier, que le pôle nord de l'électro soit en avant et son pôle sud en arrière, les spires terminales de ses faces sud et nord se projetteront

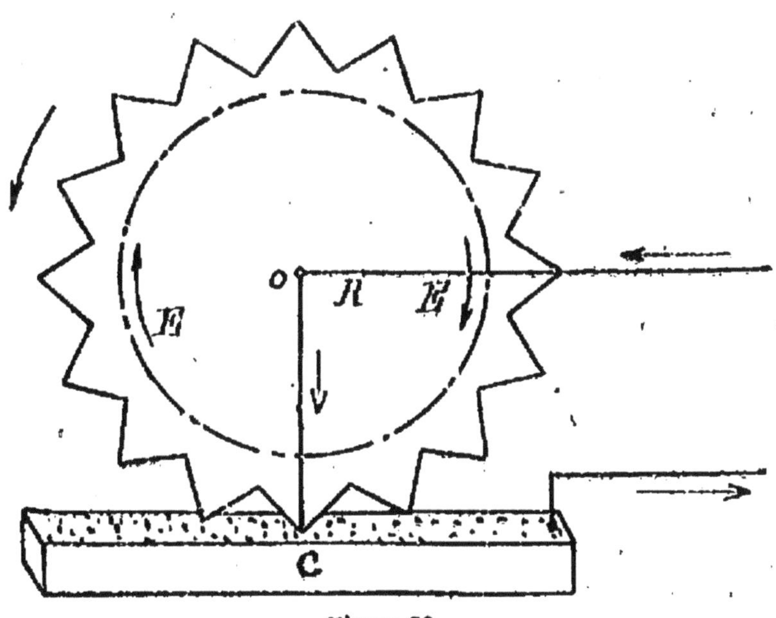

Figure 20.

sur une même circonférence E, située dans le plan de la roue, et les courants qui les parcourent seront descendants à droite du diamètre vertical de la roue, ascendants à gauche; les premiers attireront le courant qui passe dans le rayon vertical, les autres le repousseront et tous contribueront à faire tourner la roue dans un sens opposé à celui des courants qui traversent les spires terminales de l'électro.

Si l'un des courants qui circulent dans le rayon vertical de la roue ou dans les spires de l'électro changeait de sens, le sens de rotation de la roue changerait aussi.

LA ROUE DE BARLOW EST RÉVERSIBLE. — Supprimons la pile et faisons communiquer par un fil conducteur l'axe O de la roue avec le mercure de la cuve ; puis, faisons tourner la roue dans le sens des flèches E ; le rayon vertical inférieur se rapproche des courants ascendants et s'éloigne des courants descendants qui circulent dans les spires terminales de l'électro ; il est donc induit par ces courants qui concourent, grâce à l'inertie de l'éther, à y développer un courant descendant ; ce courant part de l'axe, traverse le mercure et rejoint l'axe en circulant dans le fil conducteur.

MOTEUR ÉLECTROMAGNÉTIQUE DE GRAMME. — Cette machine se compose d'un électro-aimant dont les pôles sont N, S et d'un anneau cylindrique A, en fer doux, logé entre les branches de l'électro. L'anneau A est mobile autour d'un axe horizontal O qui est de niveau avec les pôles N, S. Cet axe est constitué par un cylindre de faible diamètre dont la surface latérale est garnie de lames conductrices égales, également espacées, dirigées suivant des génératrices et isolées par une substance non conductrice ; un fil de cuivre recouvert d'un isolant s'enroule sur l'anneau ; ce fil part d'une première lame ou *touche* avec laquelle il a un contact métallique ; il fait un certain nombre de tours sur l'anneau et y constitue une pelote dont la seconde extrémité est soudée à la seconde touche ; une deuxième pelote, identique à la précédente, part de la seconde touche pour aboutir à la troisième ; enfin, la dernière pelote aboutit à la première touche par sa seconde extrémité.

Le nombre des pelotes enroulées sur l'anneau est, ainsi, égal au nombre des touches conductrices du cylindre qui forme l'axe et le fil qui les constitue se ferme sur lui-même.

COLLECTEUR. — Deux balais fixes, b_1, b_2, formés de fils de cuivre flexibles, frottent sur les touches situées dans un même plan vertical PP' passant par l'axe, se raccordent au fil qui conduit le courant d'une pile, et permettent de faire passer ce courant à travers le fil enroulé sur l'anneau ; pour ce motif, l'ensemble du cylindre sur lequel sont incrustées les touches, et des balais destinés à amener le courant est désigné sous le nom de *collecteur*.

Lorsque la pile fonctionne, l'anneau prend un mouvement de rotation qui se continue pendant la durée du passage du courant ; nous allons en indiquer les causes et en déterminer le sens.

Remarquons, d'abord, que les courants électriques qui passent dans les spires terminales S, N de l'électro-aimant ont le même sens; nous prendrons ce sens pour sens direct.

Toutes les pelotes enroulées sur l'anneau le sont dans un même sens, si on part d'une touche pour revenir à cette même touche.

Pour simplifier la figure, nous avons confondu,

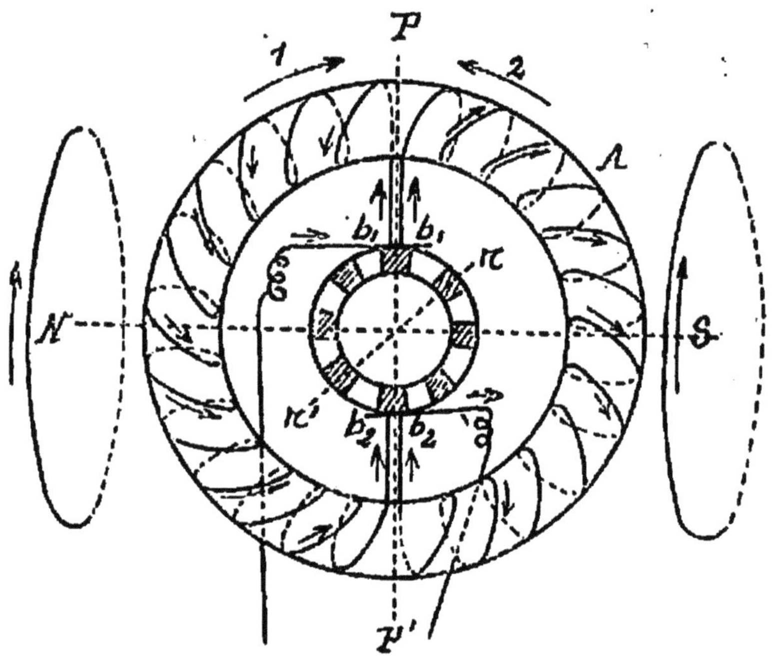

Figure 21. — Anneau de Gramme.

en une seule, toutes les pelotes qui sont à la droite du plan PP' et aussi toutes celles qui sont à sa gauche.

Si nous partons du balais b_1 et suivons l'enroulement des spires en allant vers la droite du plan

PP', les premières spires auront le sens direct ; puis, elles s'infléchiront et, en face de S, elles changeront de sens et prendront le sens rétrograde qui sera celui de la spire aboutissant au balai b_2.

Si nous partons, encore, de ce balai b_1 et suivons l'enroulement des spires à la gauche du plan PP', cet enroulement aura, d'abord, le sens rétrograde ; il changera de sens en face de N et la spire qui aboutit au balai b_2 aura le sens direct.

Le courant de la pile arrive par le balais b_1, là il se scinde ; une partie parcourt les pelotes de droite, l'autre les pelotes de gauche. Dans le voisinage du plan P les spires de droite étant parcourues par le courant en sens direct sont attirées par les spires terminales du pôle S de l'électro ; dans les spires suivantes cette attraction diminue, elle devient nulle en face de S, puis elle se change en une répulsion croissante jusqu'à une spire voisine du balai b_2.

L'attraction exercée par le pôle S sur les spires du quadrant supérieur qui est à droite de l'anneau et la répulsion exercée par ce même pôle sur les spires du quadrant de droite inférieur concourent à imprimer à cet anneau un mouvement de rotation dans le sens PSP' ; on verra de même que le pôle N agit sur le courant qui parcourt les spires situées à la gauche du plan PP' et leur fait prendre une rotation de même sens; l'anneau tournera donc dans le sens PSP'N (flèche 1).

DÉPLACEMENT DU PLAN NEUTRE. — Lorsque aucun courant ne passe dans le fil enroulé sur l'anneau, la rotation de l'éther provoquée dans le fer doux par les pôles N, S de l'électro, prend sa valeur minimum dans le plan vertical PP'; lorsque le courant traverse les spires, il contribue à l'aimantation de l'anneau; de P en S son action s'ajoute à celle des pôles de l'électro et elle va en décroissant, tandis que celle des pôles va en croissant.

L'aimantation de l'anneau prendra, donc, sa valeur minimum dans un plan $\pi \pi'$ obtenu en faisant tourner le plan PP' d'un petit angle, autour de l'axe, dans le sens de la rotation : c'est dans ce plan $\pi \pi'$ qu'on fixe la ligne des balais b_1, b_2.

ÉLECTROMOTEUR DE GRAMME. — Nous avons étudié la machine de Gramme considérée comme moteur électromagnétique; nous avons vu que, lorsqu'un courant traverse les spires qui entourent l'anneau, cet anneau se met à tourner et peut produire un travail par sa rotation.

Nous allons démontrer que cette machine est réversible et peut produire un courant électrique quand on imprime à son anneau un mouvement de rotation.

Pour transformer la machine de Gramme en

électromoteur, il suffit de supprimer la pile et de réunir les deux balais par un fil conducteur indépendant de l'anneau ; ce fil servira au passage du courant créé par la rotation de l'anneau.

Quand l'anneau tourne entre les pôles N, S de l'électro, les spires du fil qui forme les pelotes dont il est entouré se déplacent dans un champ dont le potentiel est variable ; elles sont donc parcourues par des courants induits dont nous allons déterminer le sens.

Nous continuerons à prendre, pour sens direct, le sens du courant de l'électro à ses pôles et nous supposerons qu'on fasse tourner la roue dans le sens PNP'S (flèche 2). L'enroulement des spires sur l'anneau est, quand on part du balais b_1 et qu'on s'avance vers la droite, effectué dans le sens direct sur le premier quadrant et dans le sens rétrograde sur le second ; si on s'avance vers la gauche en partant encore de b_1, le sens de l'enroulement est rétrograde sur le quadrant supérieur, direct sur le suivant.

Quand la roue tourne, les spires de droite sont induites par le champ du pôle S de l'électro et celles de gauche par le champ de pôle N, c'est-à-dire par des champs ou l'éther tourne dans le sens direct. A droite, les spires inférieures se rapprochent du courant inducteur et le courant induit qui les parcourt est rétrograde ; ce courant vient donc de b_1 et se dirige vers b_2. Les spires supérieures s'éloignent du courant inducteur, elles sont donc parcourues par un courant induit de sens direct venant encore de b_1 et se dirigeant vers b_2.

Ainsi, pendant la rotation de l'anneau, un courant induit parcourt les spires de droite ; ce courant tire son électricité de b_1 et la dirige sur b_2 ; on verra, de même, que, pendant la rotation, un courant parcourt les spires qui sont à gauche du plan PP' et que ce courant induit tire son électricité de b_1 et la dirige aussi sur b_2.

La rotation de l'anneau dans le sens PNP'S (flèche 2) produit donc une accumulation d'électricité au balai b_2 où le potentiel augmente et une raréfaction au balai b_1 où le potentiel diminue, cette différence des potentiels est maintenue par la résistance qu'oppose le fil au passage de l'électricité, par le travail produit dans la rotation de l'anneau, travail qui consiste dans les résistances à vaincre pour rapprocher ou éloigner, l'un de l'autre, les circuits induits et inducteur, ou, ce qui revient au même, dans les pressions exercées sur le fil induit pour modifier le volume de ses atomes pondérables.

DÉPLACEMENT DU PLAN NEUTRE. — Quand on fait abstraction du mouvement de l'électricité dans les spires, la rotation magnétique de l'éther a sa valeur minimum dans le plan vertical médian PP'.

— Les courants induits qui parcourent les spires accélèrent ce mouvement à droite de P et à gauche de P′, le retardent à gauche de P et à droite de P′. La rotation magnétique de l'éther prend donc sa valeur minimum sur un plan $\pi\,\pi'$ obtenu en inclinant un peu le plan PP′, autour de son axe horizontal dans un sens opposé à la rotation.

CONCLUSION

—

Dans les premières pages de ce petit livre nous avons, en nous appuyant sur quelques phénomènes généraux bien connus, sur lesquels tous les savants sont d'accord, fixé les points essentiels de la structure de l'Univers. Ces points caractérisent, d'une façon simple et précise, l'éther (1), l'atome pondérable (2) et les corps conducteurs (3) ; nous allons, maintenant, résumer en quelques lignes les conséquences essentielles de nos hypothèses et nous permettrons, ainsi, au lecteur de s'assurer que le mécanisme fourni par ces hypothèses serre de très près celui qui gouverne l'Univers.

GRAVITATION. — L'atome pondérable est un point où l'éther s'anéantit ; ce phénomène détermine un afflux constant d'éther vers l'atome ; il fait de cet atome un centre d'attraction dont la masse dépend de la vitesse avec laquelle l'atome détruit l'éther qui l'entoure (7) ; nous donnons ainsi un sens aux mots *masse* et *inertie* qui, jusqu'à ces dernières années, désignaient des propriétés que l'on s'accordait à prendre pour définition de la matière.

Avant la découverte par Newton des causes du phénomène de la gravitation, la chute d'un corps pesant le long de sa verticale était considérée comme une propriété intrinsèque de ce corps. Avant Torricelli, on considérait l'ascension de l'eau dans un tuyau où l'on avait fait le vide comme une propriété de la nature qui avait le vide en horreur.

Il en sera, ainsi, de la masse et de l'inertie qui entreront, à leur tour, dans le domaine scientifique où elles seront analysées et remplacées par d'autres phénomènes accessibles à l'intelligence. Déjà elles y ont pénétré avec les travaux récents qui mettent en doute l'invariabilité de la masse d'un corps.

ÉLECTRICITÉ. — Tous les phénomènes de l'électricité en équilibre sont une conséquence de ce double fait dont nous avons indiqué les motifs. Autour d'un atome pondérable chargé, l'élasticité de l'éther est mise en jeu et le potentiel varie. Dans l'atome, l'électricité a une pression constante et elle se comporte comme un liquide parfait (8).

De là nous avons déduit le mode d'action des courants de conduction et démontré que le courant qui circule dans un fil conducteur entraîne l'éther dans le sens du courant (17).

Deux courants d'éther qui se rencontrent déterminent en leurs points communs une diminution ou un accroissement de potentiel suivant qu'ils marchent ou ne marchent pas dans le même sens (19) ou, encore, suivant que leur angle est aigu ou obtus. Ce dernier phénomène donne la clef des attractions ou répulsions magnétiques et il met en relief le mécanisme de la loi de Lenz (21).

Nous espérons que le lecteur qui a bien voulu nous suivre a été frappé de la simplicité des moyens mis en jeu, dans notre théorie, pour expliquer les lois de l'Univers, du contraste qui existe entre le petit nombre des hypothèses qui sont à sa base et la multiplicité des lois qui en dérivent, des rapports cachés (12) qu'elle révèle entre des phénomènes qui paraissaient étrangers l'un à l'autre ; qu'enfin, il nous saura gré d'avoir tenté de soulever un coin du voile qui cache à nos yeux les secrets de la Nature.

TABLE DES MATIÈRES

CHAPITRE III

COURANTS ÉLECTRIQUES

CHAPITRE IV

CHAMP ÉLECTROMAGNÉTIQUE

SAINT-AMAND (CHER). — IMPRIMERIE BUSSIÈRE

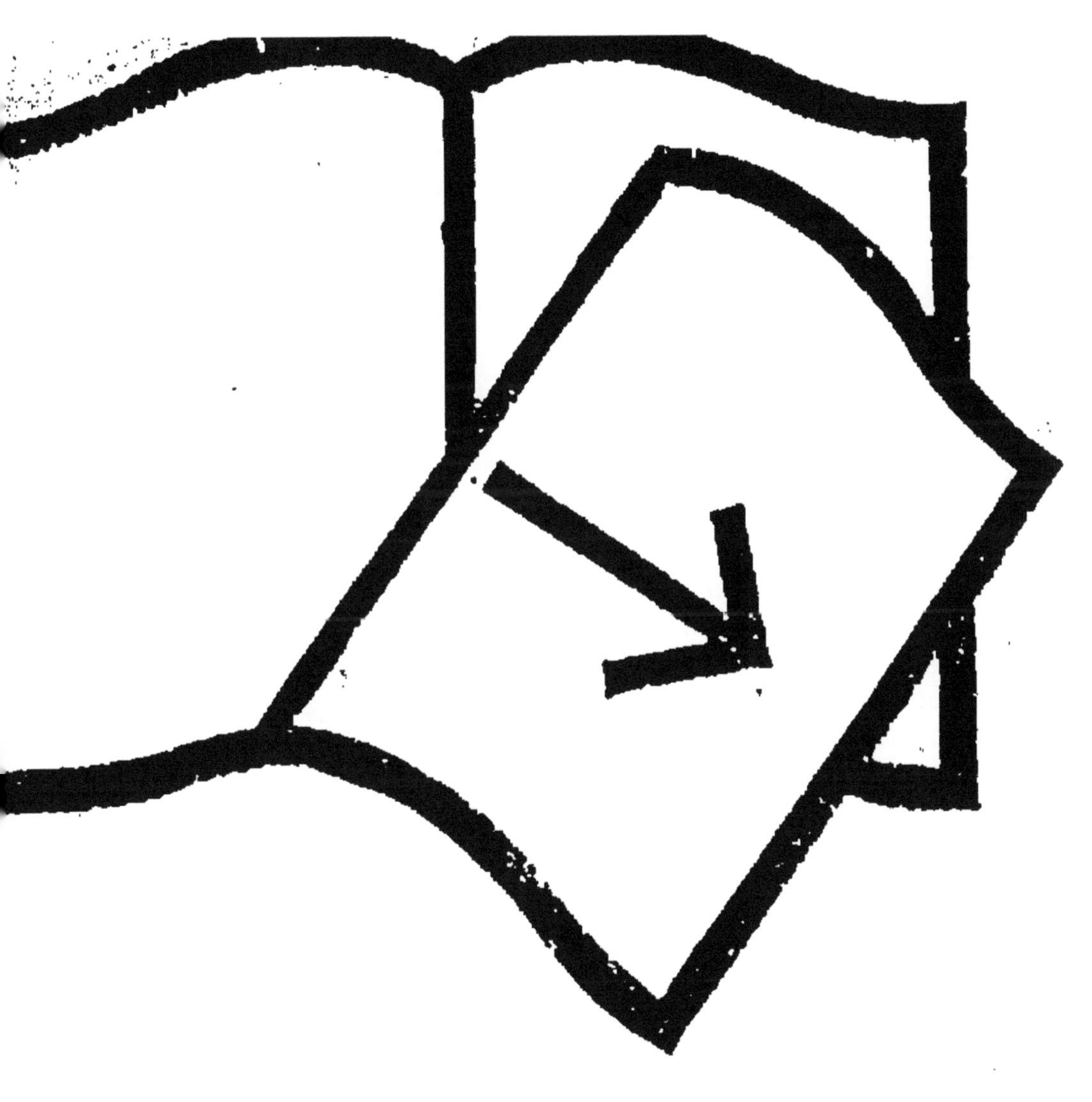

Documents manquants (pages, cahiers...)

NF Z 43-120-13